"十四五"普通高等教育本科部委级规划教材

数字化服装设计
基础教程

李红星　主编

中国纺织出版社有限公司

内 容 提 要

本书以 CorelDRAW 和 Adobe Illustrator 为主要工具，介绍了服装设计基础知识，CorelDRAW/Illustrator 基础知识，服装设计的数字化制板、布局、编辑、资源应用和实践案例。

本书理论结合实际案例，旨在帮助读者全面掌握数字化服装设计的技术和方法，提高数字化服装设计的效率和质量。本书不仅可以作为高等院校服装设计专业学生的教材，也可作为服装设计师及服装设计爱好者参考阅读书籍。

图书在版编目（CIP）数据

数字化服装设计基础教程 / 李红星主编 . -- 北京：中国纺织出版社有限公司，2024.8

"十四五"普通高等教育本科部委级规划教材

ISBN 978-7-5229-1078-9

Ⅰ . ①数… Ⅱ . ①李… Ⅲ . ①数字技术－应用－服装设计－高等学校－教材 Ⅳ . ① TS941.2-39

中国国家版本馆 CIP 数据核字（2023）第 183021 号

责任编辑：亢莹莹　　责任校对：寇晨晨　　责任印制：王艳丽

中国纺织出版社有限公司出版发行
地址：北京市朝阳区百子湾东里 A407 号楼　邮政编码：100124
销售电话：010—67004422　传真：010—87155801
http://www.c-textilep.com
中国纺织出版社天猫旗舰店
官方微博 http://weibo.com/2119887771
三河市宏盛印务有限公司印刷　各地新华书店经销
2024 年 8 月第 1 版第 1 次印刷
开本：787×1092　1/16　印张：13
字数：240 千字　定价：49.80 元

凡购本书，如有缺页、倒页、脱页，由本社图书营销中心调换本书是一本旨在帮助学习者掌握 CorelDRAW 和 Illustrator 软件并运用于服装设计领域的教材。本书的编写旨在提供全面的知识和实践指导，使读者能够熟练地运用这两款软件进行服装设计的绘图、制板和设计工作。

数字化技术在服装设计领域的应用日益重要，成为现代设计师必备的工具之一。CorelDRAW 和 Illustrator 作为行业内最常用的数字化设计软件，具备强大的功能和灵活的操作性，能够满足设计师对于创意表达和工作效率的需求。

本书以系统化的学习路径为基础，通过逐步深入的方式，引导读者从基础知识开始，逐渐掌握 CorelDRAW 和 Illustrator 软件的使用技巧。读者将学习软件的界面和工具，掌握常用的快捷键和操作技巧，了解服装设计的基本概念和原理，以及构成和要素。

通过介绍数字化绘制、数字化制板、数字化布局和数字化编辑等内容，读者将学习如何运用 CorelDRAW 和 Illustrator 软件进行图形要素和构图原则的绘制、板型的制作和编辑、颜色调整和配色、图案设计和编辑等工作。此外，本书还介绍了数字化资源的应用，包括花型和印花的制作及应用、图案和纹理的制作及应用、板型和样衣的管理及应用等。

每一章节都附有思考题，旨在帮助读者巩固所学知识，拓展思维，并加深对数字化服装设计的理解。通过阅读本教程，读者将获得全面的 CorelDRAW 和 Illustrator 软件知识，掌握数字化绘图、制板和设计的基本技能，为将来在服装设计领域的发展打下坚实的基础。

希望本书能为读者学习和实践提供有力的指导，提升他们在数字化服装设计领域的能力和竞争力。祝愿读者在学习的过程中取得丰硕的成果，并在实践中不断创新和进步。

由于编者水平有限，图书难免有疏漏之处，请广大读者批评、指正！

李红星

2023 年 6 月

C O N T E N T S **目录**

第一章　服装设计基础知识

第一节　服装设计的基本概念和原理

一、服装的基本概念

（一）服装的概念

服装是指衣服、鞋帽等的总称，通常用来指代衣服。它不仅是指覆盖身体的物品，更是一种具有特定功能和审美意义的统一体。服装蕴含着人类的文化、历史和个性特征，具有实用性和装饰性的双重属性。

（二）服装的起源与功用

1. 保护说

人类在自然环境中生存，为了抵御外界的侵袭，如风雨、寒冷及人与人之间的争斗和伤害等，需要使用服装来保护身体。服装能够遮蔽身体、保暖、适应气候和环境的变化，起到保护人体的作用。

2. 装饰、护符说

人类对美的追求和信仰的表达促进了服装的发展。早期的人们用花草、贝壳、羽毛等装饰自己，将服装视为一种装饰品和护符，用于表达美好的追求和祈求幸福的愿望。

3. 遮羞、礼仪说

随着人类道德观念的形成和社会交往关系的复杂化，服装在维护社会礼仪和代表个人身份、地位方面扮演着重要角色。服装的差异化反映了人们在礼仪和地位上的不同需求。

（三）服装在中国的历史

中国作为一个拥有悠久文明史的国家，服装的历史源远流长，具有丰富的文化内涵。中国古代有着"衣冠冕服"的传统，尊重服装的礼仪和仪式性，服装在社会地位和身份的象征方面具有重要意义。中国的服装文化在世界范围内享有盛誉，被称为"衣冠王国"。

二、服装设计概念

服装设计是以服装为对象，根据设计对象的要求进行构思，运用恰当的设计、方法和表达方式，完成整个创造性行为的过程。

（一）服装设计的目的和任务

服装设计的目的是根据人们的需求和要求，创造出适合穿戴的服装作品。无论是工业性服装设计还是非工业性服装设计，其目标都是通过设计创意和技术实现一定数量的批量生产或宣传品牌的价值，并提供美观、实用和经济效益的服装产品。

具体来说，服装设计的目的和任务包括以下五个方面：

1. 美化人体和生活

服装设计的首要目的是通过设计创造出能够美化人体、增添生活趣味和品位的服装作品。服装应该能够展现个人的风格和个性，并给穿戴者舒适和自信的感觉。

2. 满足人们的穿戴需求

服装设计需要充分考虑人们在不同场合和环境中的穿戴需求。其应该适应不同的体型、年龄、职业和文化背景，满足人们在不同场合下的功能性、舒适性和审美需求。

3. 追求市场认可和经济效益

服装设计要考虑到市场需求和趋势，追求产品的市场认可和销售成功。设计师需要了解市场趋势，掌握消费者喜好和需求的变化，并通过创新的设计和质量保证来提高产品的竞争力和经济效益。

4. 探索新元素和技术应用

服装设计需要不断地探索和应用新的元素、材料和技术，以创造出独特、具有创新性和前瞻性的设计作品。设计师需要关注时尚潮流、科技进步和社会变革，将这些因素融入设计中，以满足人们对新鲜感和创新性的追求。

5. 关注可持续发展和环保意识

现代服装设计越来越注重可持续发展和具有环保意识。设计师应该选择环保材料、推广可持续的生产方式，并在设计过程中考虑服装的生命周期和环境影响，以减少资源消耗和环境污染。

为了实现以上目标，服装设计师需要具备广泛的知识和技能。他们需要了解人体解剖学、面料和材料科学、服装制作工艺等方面的知识，掌握设计软件和数字化工具的使用，同时要不断学习和研究时尚趋势、文化背景和消费者行为等，以保持对市场的敏锐洞察力。

（二）服装设计的先决条件

服装设计的成功与否受到多个因素的影响，以下是一些先决条件，其中包括服装的功能性条件、美观条件和经济条件。

1. 功能性条件

（1）实用性要求

服装设计应满足人们在特定活动和环境下的实际需求，包括保暖、防护、舒适性和便捷性等方面。例如，运动服装应透气性、伸缩性和吸汗功能良好，职业装应符合工作场合的安全要求和专业性需求。

（2）适应性要求

服装设计应考虑不同人体形态、年龄、性别、文化背景和身体特征的差异。设计师需要通过合理的剪裁、尺寸调整和柔性设计，确保服装适应不同人群的需求。

2. 美观条件

（1）整体美要求

服装设计应追求整体美感，使服装与人体完美结合，营造出和谐、平衡的视觉效果。设计师需要考虑服装的线条、比例、轮廓和流线型等因素，以创造出舒适、优雅的整体形象。

（2）色彩与材质美

服装的色彩搭配和材质选择对美观度有重要影响。设计师需要理解色彩理论和材质特性，巧妙运用色彩和材质的组合，以突出服装的特点和风格。

3. 经济条件

（1）成本控制

服装设计需要考虑成本因素，包括材料成本、人工成本、生产效率和制造工艺等。设计师需要在确保品质的前提下，寻找经济效益的平衡点，使产品价格与其价值相符。

（2）市场需求

服装设计应符合市场需求和消费者喜好。设计师需要了解目标市场的趋势和变化，掌握消费者的购买能力、时尚追求和文化背景等因素，以创造出具有市场竞争力的产品。

除了以上条件，还有一些其他的先决条件也需要考虑，如社会文化背景、可持续发展和环保意识等。服装设计师需要不断学习和更新自己的知识和技能，与时俱进，紧跟时尚潮流和社会变化，以满足人们对服装不断变化的需求。同时，良好的沟通与团队合作能力也是服装设计的先决条件之一。服装设计师往往需要与团队中的其他成员进行密切合作，如样衣师傅、制板师、生产人员等。良好的沟通和合作能力可以确保设计意图的准确传达和顺利实施。此外，与供应商、制造商和销售渠道的合作也是必不可少的，以确保设计的顺利推广和销售。

（三）服装设计的工作范围及程序

服装设计的工作范围所涉及的内容是十分广泛的，但是总的来说，服装设计的工作范围是实物设计、加工完成的全部过程。服装设计有其科学合理的工作程序，包括明确设计目的和要求、针对设计目的和要求进行调查研究、按要求完成设计草图、组织集体初评、完成设计效果图、按设计方案进行技术及经济评价、新产品的试制、设计产品鉴定与定型等。

1. 设计目的和要求明确

在开始设计之前，设计师需要与委托方或团队成员明确设计的目的和要求，如确定服装的类型、定位、受众群体、场合、季节等信息，以确保设计的方向和目标明确。

2. 调查研究

设计师需要进行市场调研、时尚趋势分析和消费者行为研究等，以了解当前的时尚潮流、市场需求和消费者喜好。这些研究可以为设计提供有力的参考和灵感，确保设计与市场需求相契合。

3. 设计草图

在理解设计要求和研究的基础上，设计师开始进行设计草图的绘制，通过手绘或使用设计软件，表达自己的创意和设计构思，包括服装的款式、剪裁、细节、色彩等方面。

4. 集体初评

设计师会将设计草图提交给团队或委托方进行初步评估。这是一个反馈和讨论的过程，旨在收集各方的意见和建议，以进一步改进和完善设计。

5. 设计效果图

根据初评的结果和反馈，设计师将进行修改和完善，最终生成设计效果图。这些效果图通常是以数字化形式呈现，以更清晰地展示设计的外观、细节和整体效果。

6. 技术及经济评价

在确定设计效果图后，设计师需要进行技术及经济评价，包括确定材料选择、生产工艺、成本估算等，以确保设计的可行性和经济性。

7. 试制和定型

一旦设计经过评价并得到批准，设计师会进行样衣的试制和定型。这涉及与样衣师傅和制造团队合作，进行样衣的制作、试穿和修正，以确保最终产品的质量并符合设计意图。

8. 产品鉴定和定型

经过样衣的试制和调整后，设计师会进行产品的鉴定和定型。这包括对样衣进行评估和检验，以确保设计的质量和符合预期的效果。

三、服装设计的特性

以人体为基础的设计：服装设计是以人体为基础进行造型的艺术和技术，将服装与人体完美结合。设计师需要关注人体的形态特征、运动状态和身体比例，以创造出合适的服装形式和舒适的穿着体验。服装设计追求的是人体优美的造型和整体魅力，使服装与人体相协调。

（一）反映历史和文化的特征

服装设计具有明显的历史和民族文化特征。社会的政治和经济状况、文化传统和价值观念等因素都会影响服装的设计风格和特点。不同时期和不同地域的服装设计会呈现出各自独特的风格和审美取向，反映出当时社会的风貌和文化特征。

（二）艺术与技术的结合

服装设计是艺术与技术、美学与科学的结合。设计师需要具备艺术性的创造力和审美眼光，同时也需要掌握技术和工程方面的知识，如面料选择、剪裁和缝制技术等。服装设计要求创新和独特的设计理念，同时也要考虑服装的可穿性、耐用性和实用性。

（三）多元化和时尚性

服装设计是一个不断变化和发展的领域，追求时尚和多样性。时尚潮流不断变化，设计师需要紧跟时代的步伐，关注市场需求和消费者喜好，创作出具有时尚感和吸引力的设计作品。服装设计要具备创新性和前瞻性，能够引领时尚趋势和满足消费者的需求。

（四）综合性和团队合作

服装设计是一项综合性的工作，涉及多个方面的知识和技能。设计师需要在服装的外观、材料、色彩、剪裁等方面进行综合考虑和决策。此外，服装设计往往需要与其他专业人员进行紧密的合作，如样衣师傅、制板师、生产人员等。团队合作和沟通能力对于实现设计目标和保证设计质量至关重要。

服装设计是一项兼具艺术、技术、创造力和实用性的综合性工作。它要求设计师具备对人体、历史文化和时尚趋势的敏感度，同时也需要具备扎实的专业知识和技能，以及良好的沟通能力和团队合作能力。服装设计既满足人们对衣着的实用需求，又反映了个体和社会的审美追求，为人们提供了一种展示个性、表达自我的方式。

四、服装设计的原理

服装设计的原理是指在设计过程中所遵循的基本原则和规律。这些原理帮助设计师在创作过程中制定决策，确保设计的合理性、美观性和功能性。

（一）比例和平衡原理

在服装设计中，比例和平衡原理是重要的设计原则之一，对衣物的整体效果和外观具有重要影响，能够创造出视觉上的和谐和平衡感。

比例原理指的是服装各部分之间的大小关系。设计师需要考虑不同部分的尺寸和比例，以确保服装整体的比例协调。例如，在设计上装饰物的大小和位置要与整体服装的大小相适应，袖口和衣身的长度比例要协调，领口和袖口的宽度比例要平衡等。合理的比例能够使服装看起来更加流畅、舒适，并且更符合人体的比例美。

平衡原理指的是服装各部分之间的位置关系。设计师需要考虑服装各部分的布局和位置，以确保服装在视觉上的平衡感。平衡可以分为对称平衡和不对称平衡两种形式。对称平衡是指服装的左右两侧在形状和位置上基本相同，例如左右对称的褶皱、纽扣或图案。不对称平衡是指服装的左右两侧在形状和位置上有一定的差异，但整体上仍保持平衡，例如在一侧添加装饰物或设计元素来平衡整体效果。通过合理的布局和位置安排，平衡原理能够使服装看起来稳定、和谐，给人以美的享受。

在服装设计中，比例和平衡原理是相互关联的。合理的比例能够为服装的平衡感提供基础，而平衡感的呈现也依赖于合理的比例关系。设计师需要综合考虑衣物的整体效果，通过调整各部分的大小和位置，以达到视觉上的协调和平衡。

在实践中，设计师可以运用不同的设计技巧来实现比例和平衡原理。例如，通过调整各部分的比例关系来塑造特定的形状和线条；通过对称或不对称的布局来创造平衡感；通过合理的色彩搭配来增强整体效果等。灵活运用比例和平衡原理可以使服装设计更具吸引力、流畅和视觉效果。

（二）线条和形状原理

线条和形状在服装设计中起着重要的作用，可以传达不同的情感和风格。设计师可以运用不同类型的线条和形状，如直线、曲线、对称、不对称等，来创造出丰富的视觉效果和造型感。

线条在服装设计中是表现形式的基本元素之一，它可以通过长度、粗细、方向和曲线的变化来传达不同的信息和情感。直线线条常常被认为是严谨、稳定和有力量感的表现形式，而曲线线条则更加柔和、优雅和流动。设计师可以根据服装设计的目标和风格选择适合的线条形式，如直线和曲线的组合、平行线条的应用、弧线的运用等，来塑造出特定的形象和效果。

形状在服装设计中指的是服装的轮廓和外形。设计师可以通过选择和组合不同的形状元素来创造出各种不同的服装造型。形状可以是简单的几何形状，如圆形、三角形、矩形等，也可以是复杂的有机形状，如植物、动物等。不同的形状具有不同的情感和符号意义，可以表达出丰富的主题和风格。

线条和形状的选择和运用需要考虑服装的设计目标、风格和受众群体。例如，直线和对称形状通常被认为是正式、稳定和传统的表现方式，适用于商务服装和正式场合的服装设计；而曲线和不对称形状更加动感、活泼和个性化，适用于时尚、运动或年轻群体的服装设计。设计师还可以通过线条和形状的组合和变化来突出服装的特点和焦点，创造出独特的设计效果。

线条和形状的运用还可以帮助调整服装的比例和平衡。通过合理的线条和形状布局，可以改变视觉上的体型感知，强调或修饰身体的特点。例如，在腰部使用弯曲的线条来突出腰部的纤细和曲线美，或者在肩部使用对称的形状来增强肩部的宽度感。

线条和形状原理在服装设计中是非常重要的设计原则，设计师可以通过选择适当的线条和形状元素来传达所需的情感、风格和形象，以创造出独特、吸引人的服装设计作品。

（三）色彩原理

色彩是服装设计中的重要元素，可以表达情感、传递信息和塑造形象。设计师需要理解色彩的基本原理，如色相、明度、饱和度等，并运用色彩的搭配和运用技巧，以创造出丰富多样的色彩效果。

1. 色相

色相是指色彩的基本属性，即红、橙、黄、绿、蓝、紫等颜色。不同的色相传递不同的情感和氛围，例如红色代表热情和活力，蓝色代表冷静和稳重。设计师可以根据设计的主题和目的选择适合的色相，以表达所需的情感和意图。

2. 明度

明度是色彩的明暗程度，即色彩的明亮或暗淡程度。通过调整明度可以改变服装的视觉效果和空间感。较亮的色彩会给人以明快、轻盈的感觉，而较暗的色彩则会给人以深沉、稳重的感觉。设计师可以在服装设计中合理运用明度的变化，以突出或平衡服装的整体效果。

3. 饱和度

饱和度是指色彩的纯度和鲜艳程度，即色彩的鲜明或柔和程度。高饱和度的色彩更鲜艳、生动，而低饱和度的色彩更柔和、内敛。设计师可以通过调整饱和度来营造不同的视觉效果和情感表达，从而塑造出独特的服装形象。

4. 色彩搭配

色彩的搭配是指不同色彩之间的组合和配合。设计师可以运用对比、互补、类似色等不同的色彩搭配原则，以创造出丰富多样的色彩效果。对比色搭配可以产生鲜明的对比效果，增加服装的视觉冲击力；互补色搭配可以产生和谐的色彩效果，增加服装的整体协调感；类似色搭配可以产生柔和的过渡效果，增加服装的温暖感。

5. 色彩运用技巧

设计师可以运用一些色彩运用技巧来引导观众的视觉焦点和注意力。例如，使用亮色或饱和度较高的色彩来突出服装的关键部位或装饰细节，使用冷色调或低饱和度的色彩来营造柔和、温和的整体效果，使用色彩渐变或过渡来创造流动感和层次感，等等。这些色彩运用技巧可以帮助设计师更好地表达设计意图，并使服装在视觉上更具吸引力和表现力。

在服装设计中，色彩的选择和运用要考虑服装的风格、受众群体、场合和文化背景等因素。不同的色彩搭配和运用会产生不同的视觉效果和情感表达，设计师需要根据设计目标和需求，灵活运用色彩原理，创造出令人印象深刻的服装设计作品。

色彩原理在服装设计中起着重要的作用，设计师需要理解色相、明度、饱和度等基本原理，灵活运用色彩的搭配和运用技巧，以创造出丰富多样、具有表现力和吸引力的服装设计作品。色彩的选择和运用要与服装的风格、受众群体和设计目标相匹配，以营造出理想的视觉效果和情感表达。

（四）细节和装饰原理

服装的细节和装饰可以增添服装的个性和吸引力。设计师可以运用不同的细节处理和装饰元素，如刺绣、褶皱、纽扣、细节图案等，来丰富服装的外观，并突出设计的主题和风格。

1. 细节处理

细节处理是指在服装设计中对各部分的细节进行处理和呈现。设计师可以通过改变剪裁、缝合、拼接等手法，来营造出独特的线条和轮廓，突出服装的结构和形状。例如，运用褶皱和褶饰可以增加服装的层次感和动态感；运用剪裁和裁剪技巧可以塑造出符合人体曲线的合身效果。细节处理还包括对衣领、袖口、口袋等部位的设计，通过改变形状、大小、位置等来打造出特色和个性化的细节效果。

2. 装饰元素

装饰元素是指用于装饰服装的各种材料、图案和配饰。设计师可以运用刺绣、珠片、蕾丝、绣花等装饰手法，将细致的图案和装饰元素融入服装设计中。这些装饰元素可以在服装上形成独特的视觉效果，增添服装的华丽感和艺术感。另外，还可以运用纽扣、拉链、皮带等配饰，用以强调服装的功能性和装饰性，使服装更具个性和时尚感。

3. 主题和风格的呈现

细节和装饰的运用需要与设计的主题和风格相一致。例如，如果设计的主题是古典与浪漫，设计师可以运用精致的蕾丝装饰、刺绣图案等，以打造出充满浪漫情怀的服装；如果设计的风格是现代与简约，设计师可以运用简洁的线条和几何图案等，以突出服装的简约时尚感。细节和装饰的选择要与整体设计相协调，以创造出独特而有吸引力的服装形象。

4. 艺术与功能的平衡

在运用细节和装饰元素时，设计师需要平衡艺术性和功能性。装饰元素过多或不当使用可能会使服装过于复杂或不便于穿戴。因此，设计师需要在细节和装饰的运用中寻求艺术与功能的平衡，确保装饰元素既能提升服装的美感，又不影响服装的实用性和舒适度。

细节和装饰原理在服装设计中相互交织和影响，设计师需要综合考量，根据设计的目的和要求，灵活运用各种原理，创造出符合人体、美观、实用和创新的服装设计作品。

第二节　服装设计的构成和要素

一、外观构成

外观构成是指服装的整体外观特征和形态结构，包括服装的形状、线条、比例和装饰等方面。

（一）形状

服装的形状是指服装在平面和立体上的轮廓和整体形态。服装的形状可以分为直线型、曲线型、对称型和不对称型等。不同形状的服装会给人不同的感觉和风格，设计师可以根据设计的目的和主题选择适合的形状。

1. 直线型形状

直线型形状以直线为主要特征，线条简洁、干练，给人以简约、利落的感觉。直线型形状常见于现代风格的服装设计，强调几何感和结构感，注重线条的清晰和简约。这种形状适合表达现代、简约、时尚的风格，常见于职业装、商务装和运动装等。

2. 曲线型形状

曲线型形状以曲线为主要特征，线条流畅、柔和，给人以优雅、柔美的感觉。曲线型形状常见于女性服装设计，强调曲线的柔美和身体的曲线美。这种形状适合表达女性化、浪漫、优雅的风格，常见于晚礼服、连衣裙和女性内衣等。

3. 对称型形状

对称型形状以对称关系为主要特征，服装的各部分在形状上对称一致，给人以稳重、平衡的感觉。对称型形状常见于正式和庄重的服装设计，强调服装整体的平衡和统一。这种形状适合表达正式、庄重、端庄的风格，常见于西装、礼服和传统民族服装等。

4. 不对称型形状

不对称型形状以不对称关系为主要特征，服装的各部分在形状上呈现出不对称的设计。不对称型形状常见于时尚和个性化的服装设计，强调独特性和个性化的表达。这种形状适合表达时尚、前卫、个性的风格，常见于潮流时装、艺术品牌和街头风格等。

在实际的服装设计中，设计师可以根据设计的目的、主题和受众群体的需求，选择适合的形状来营造服装的整体外观。形状的选择不仅影响服装的外观感觉，还与服装的风格、气质和文化背景密切相关。因此，设计师需要综合考虑服装的功能、风格和目标受众，选择适合的形状来达到设计的目的。

（二）线条

服装的线条是指服装各部分之间的线性关系。线条可以是直线、斜线、曲线等。线条的选择和运用可以改变服装的视觉效果和造型感，设计师可以通过线条的变化来突出服装的特点和设计的主题。

1. 直线

直线线条给人以稳定、刚硬、简洁的感觉。直线可以强调服装的几何感和结构感，适合表达现代主义和简约风格。例如，直线的剪裁和装饰可以使服装线条更加清晰和简洁，展现出简约而利落的外观。

2. 斜线

斜线线条给人以动感、活力、非常规的感觉。斜线可以带来一种动态和变化的视觉效果，适合表达时尚和前卫的风格。例如，运用斜线的剪裁和装饰可以打破传统的垂直和水平线条，创造出富有活力和创新的服装外观。

3. 曲线

曲线线条给人以柔美、优雅、流畅的感觉。曲线可以强调服装的柔美和女性化，适合表达浪漫和优雅风格。例如，采用曲线线条的剪裁和装饰可以使服装呈现出优雅而流畅的视觉效果，塑造出柔和而动感的形象。

4. 扭曲线

扭曲线给人以动感、奇特、独特的感觉。扭曲线条可以创造出非常规的形状和流线型的效果，适合表达个性化和艺术性的风格。例如，运用扭曲线条的剪裁和装饰可以使服装呈现出独特而富有张力的外观，突出设计的创意和个性。

线条的选择和运用应与服装的整体构成和设计理念相协调，以创造出视觉上协调、美观和富有个性的服装外观。此外，还需要注意线条的长度、粗细和方向的变化，以创造出丰富多样的线性效果，提升服装的整体质感和视觉吸引力。

（三）比例

服装的比例是指服装各部分之间的大小和位置关系。合理的比例可以使服装看起来更加协调和平衡，设计师需要考虑服装的整体比例以及各个细节部分的相对比例。

1. 整体比例

整体比例指的是服装的整体形状和大小相对于人体的比例关系。设计师需要根据服装的类型、风格和目标受众的身材特点来确定整体比例。例如，正式礼服通常具有长长的裙摆和修长的上身，以塑造出优雅和庄重的形象；而运动装则更倾向于短小紧凑的形状，以强调舒适和活动性。

2. 细节比例

细节比例指的是服装各部分之间的相对大小和位置关系。设计师需要考虑各个细节部分，如领口、袖子、腰带等在整体服装中的比例。合理的细节比例能使服装看起来更加协调和平衡。例如，在一件连衣裙中，设计师可以通过调整腰带的位置和宽度，使上下身的比例更加均衡；或者通过在袖子上加入适当的装饰来调整上半身的比例感。

3. 人体比例

人体比例是指服装与穿着者身体比例之间的关系。不同身形的人适合不同的服装比例。设计师需要考虑目标受众的身体特点，如身高、体型等，来确定适合他们的服装比例。例如，对于较矮小的人，设计师可以选择较短的上装和高腰线的裙子，以拉长身体比例；对于较高挑的人，可以选择具有廓型感的宽松款式，以平衡整体比例。

（四）装饰

装饰是指在服装上添加的各种细节和装饰元素，如刺绣、褶皱、纽扣、细节图案等。装饰可以丰富服装的外观，突出设计的主题和风格。设计师可以根据需求和设计理念选择合适的装饰方式和元素。

1. 刺绣

刺绣是一种将图案或文字通过针线刺绣在服装上的装饰技法。刺绣可以不同的线、颜色和纹样来打造出丰富多样的效果。设计师可以运用刺绣技法来营造出浪漫、华丽或富有民族风格的服装。刺绣可以出现在整个服装上，如领口、袖口、裙摆等，或作为局部装饰点缀在特定位置上。

2. 褶皱

褶皱是通过服装上的折叠或折叠处理来创造出的装饰效果。褶皱可以使服装更富有层次感和动态感，增添了流动和变化的视觉效果。设计师可以运用不同类型的褶皱，如对称褶、不对称褶、细褶等，来塑造出不同的服装形态和风格。褶皱可以出现在衣摆、袖子、裙子等部位，以突出服装的造型和设计主题。

3. 纽扣

纽扣作为服装上的细节装饰，既有实用的功能，也具有装饰的作用。设计师可以选择不同形状、材质和大小的纽扣来凸显服装的个性和风格。纽扣的摆放位置和数量也会影响服装的整体外观。例如，大号纽扣可以打造出时尚和夸张的效果，小巧精致的纽扣则展现了细腻和精细的感觉。

4. 细节图案

细节图案是指在服装上运用的各种图案元素，如印花、绣花等。细节图案可以以各种形式和风格出现在服装上，如花卉图案、几何图案、动物图案等。它们可以增添服装的视觉趣味和独特性，突出设计的主题和风格。设计师可以根据服装的定位和目标受众选择合适的细节图案，以达到预期的效果。

二、内部要素

内部要素是指服装设计中的基本要素和构造要素，包括服装的剪裁、结构、面料和功能等方面。

（一）剪裁

剪裁是指服装在设计过程中的裁剪和造型。合理的剪裁可以使服装更好地贴合人体曲线，提升穿着的舒适度和美观度。设计师需要根据不同的服装款式和功能选择适合的剪裁方式。

1. 服装造型

剪裁是创造服装造型的基础。通过合理的裁剪和造型，可以使服装展现出不同的线条和形状，从而塑造出独特的服装风格。剪裁的技巧和精细度决定了服装的整体外观和质感。

2. 曲线和比例

剪裁需要考虑人体的曲线和比例，以使服装更好地贴合人体，并展现出优美的曲线。通过合理的剪裁，可以修饰身体的不足，突出身体的优点，使服装在视觉上更加美观和协调。

3. 功能和舒适度

剪裁不仅关注服装的外观效果，还要考虑服装的功能性和舒适度。不同款式的服装需要不同的剪裁方式，以适应不同的活动和功能需求。剪裁要考虑到人体的活动范围和穿着的舒适感，避免束缚和不适。

4. 材料和质地

剪裁也与服装所使用的材料和质地密切相关。不同的面料和纹理具有不同的性质和弹性，需要通过合理的剪裁来处理和展现其特点。剪裁要根据面料的特性，考虑材料的延展性、悬垂性、弹性等因素，以确保服装的质感和流动性。

5. 手工和工艺

剪裁不仅是机械的裁剪过程，还涉及手工的技巧和工艺的运用。高质量的剪裁需要设计师和裁剪师的精湛技艺和经验，以确保每个细节都得到精确处理和精心制作。

剪裁涉及服装的造型、曲线、比例、功能、舒适度和可持续性等多个方面。通过合理的剪裁，设计师可以创造出具有美观、舒适、个性化和环保特点的服装作品。剪裁需要设计师具备丰富的知识和技能，同时也需要与裁剪师和制作团队紧密合作，以实现最佳的剪裁效果。

（二）结构

服装的结构是指服装内部的组成和构造方式。合理的结构设计可以保证服装的稳定性和舒适度，同时也为细节处理和装饰提供支持。设计师需要考虑服装的结构组成和内部工艺，以确保服装的质量和使用效果。

1. 衬里和内衬

衬里和内衬是服装内部的衬垫材料，用于增加服装的舒适度和保暖性。衬里可以是棉布、丝绸等材料，内衬可以是细绒布、绸缎等。设计师需要根据服装的功能和季节选择适当的衬里和内衬材料，并合理安排其位置和固定方式。

2. 面料选择

面料的选择对服装的结构起着重要作用。不同的面料具有不同的弹性、稳定性和透气性，设计师需要根据设计要求选择合适的面料。同时，面料的厚薄、质地和纹理也会影响服装的结构效果。

3. 内部支撑

内部支撑是指在服装内部加入支撑材料，以增加服装的稳定性和立体感。例如，衣领、袖口、腰带等部位常常会加入硬质材料或芯片，以保持形状和线条的清晰度。设计师需要在结构设计中合理安排内部支撑，以使服装具有良好的外观效果和穿着感。

4. 接缝和缝合方式

接缝和缝合方式是服装结构中不可或缺的要素。不同的接缝和缝合方式会影响服装的外观和质量。常见的接缝方式有平缝、包缝、开褶等，而缝合方式可以选择手工缝纫、机器缝纫或无缝技术等。设计师需要根据服装的款式和面料选择合适的接缝和缝合方式，以确保服装的结构牢固和美观。

5. 内部细节处理

服装的内部细节处理包括纽扣、拉链、裁片拼接等。这些细节的处理不仅影响着服装的结构，还与穿着的便利性和使用时间长短有关。设计师需要注意细节处理的准确度和牢固性，以确保服装在穿着和洗涤过程中不易磨损或变形。

6. 内部装饰

内部装饰是指在服装内部添加的装饰元素，如绣花、印花、花边等。这些装饰不仅可以提升服装的内部美观度，还可以增加服装的独特性和个性化。设计师可以根据设计的主题和风格，选择适当的内部装饰方式，并合理安排其位置和图案，以增强服装的整体效果。

服装设计中的结构要素涉及衬里和内衬、面料选择、内部支撑、接缝和缝合方式、内部细节处理以及内部装饰等。这些要素在服装设计中起着重要的作用，既影响着服装的外观效果和舒适度，也决定了服装的质量和耐用性。设计师需要综合考虑这些要素，以实现理想的服装结构设计。

（三）面料

面料的选择涉及面料的种类、质地、颜色、图案等方面，设计师需要根据服装的功能、款式和设计理念来选择合适的面料。

面料的种类多种多样，常见的有棉、丝、羊毛、麻、人造纤维等。每种面料都有不同的特点和适用范围。例如，棉布透气性好、柔软舒适，适合制作夏季服装；羊毛具有保暖性好、弹性高的特点，适合制作冬季外套；人造纤维面料则具有多种颜色和纹理，适合制作多样化的服装款式。

除了面料的种类，面料的质地也是设计师需要考虑的因素之一。面料的质地可以是光滑的、粗糙的、薄的、厚实的等，不同的质地会使服装带来不同的触感和视觉效果。设计师可以根据服装的设计主题和风格选择相应的面料质地，以达到所要的效果。

此外，面料的颜色和图案也是服装设计中重要的考虑因素。颜色可以通过面料的染色或印花来实现，不同的颜色会给服装带来不同的情感和氛围。设计师可以运用色彩的搭配和运用技巧，以突出服装的设计主题和个性。图案则是通过面料上的图案设计或纹理来增加服装的艺术感和视觉吸引力。

面料是服装设计中重要的内部要素之一。设计师需要综合考虑面料的种类、质地、颜色和图案等要素，以选择合适的面料来达到设计的目标。正确选择和运用面料可以使服装具有舒适度、美观度和独特性，从而满足人们对服装的需求和审美追求。

（四）功能

服装的功能是指服装在实际使用中的具体用途和要求。不同类型的服装具有不同的功能需求，例如运动服需要透气性、吸汗性和舒适度，职业装需要注重职业形象和专业性。设计师需要根据服装的功能特点来选择适合的设计元素和材料，以满足用户的需求。

1. 保暖功能

冬季服装通常需要具备良好的保暖性能，以保护身体免受寒冷天气的影响。设计师可以选择具有较高保暖性的面料，或者采用保暖内衬、填充物等设计手法来增加服装的保暖效果。

2. 透气性和吸湿排汗功能

运动服、夏季服装等需要具备良好的透气性和吸湿排汗功能，以保持身体干爽和舒适。设计师可以选择透气性好的面料，或者采用透气网眼、通风孔等设计细节来增加服装的透气性。

3. 弹性和伸缩性

某些类型的服装，例如，运动服、紧身衣等需要具备良好的弹性和伸缩性，以提供舒适的穿着体验和自由的活动范围。设计师可以选择具有弹性的面料，或者采用弹力纤维、弹性带等设计元素来增加服装的弹性和伸缩性。

4. 耐久性和耐磨性

耐久性和耐磨性是指服装在长时间使用和频繁洗涤后仍能保持良好的品质和外观。设计师可以选择耐久性好的面料，或者采用加固接缝、强化装饰等设计手法来增加服装的耐久性和耐磨性。

5. 舒适性和贴合性

服装需要具备舒适的穿着感和贴合身体的效果，以提供良好的穿着体验。设计师可以通过剪裁、面料选择和内部结构的设计来实现服装的舒适性和贴合性。

6. 功能细节

有些服装具备特定的功能细节，如多口袋设计、可调节的腰带、防水拉链等。这些细节设计可以提供额外的便利和实用性。

设计师需要根据不同服装类型和使用场景的需求来确定适合的功能设计。综合考虑服装的外观、内部结构和功能性要求，可以创造出既具有美观性又具备实用性的服装设计作品。

第三节　服装设计的分类和流程

一、服装设计的分类

服装设计可以根据不同的分类标准进行分类，例如根据用途、风格、季节等。

（一）根据用途

服装设计可以根据服装在不同场合的使用目的和要求进行区分。

1. 日常服装

这是人们日常生活中穿着的服装，旨在提供舒适和实用性。这包括各种日常着装，如衬衫、裙子、裤子、T恤等。日常服装的设计通常注重舒适度、易于穿脱和日常活动的便利性。

2. 职业装

职业装是根据不同职业需求而设计的服装，旨在展示职业形象和专业性。不同职业的职业装设计有所不同，如商务套装、医生的工作服、警察的制服等。职业装的设计需要考虑职业的特点、工作环境的要求和专业形象的呈现。

3. 运动服装

运动服装是用于运动和健身活动的服装，需要具备舒适、透气、吸汗和灵活性。运动服装设计通常考虑到不同运动类型的需求，如运动T恤、运动裤、运动鞋等。运动服装的设计需要注重运动性能、运动人体力学和运动时的舒适感。

4. 礼服

礼服是用于正式场合和特殊场合的服装，通常需要展现出高雅和庄重的氛围。礼服设计包括晚礼服、婚纱、礼仪服等。礼服的设计通常注重材质的高质量、剪裁的精细和细节的装饰，以展现出独特的仪式感和优雅风格。

（二）根据风格

服装设计根据风格的分类是根据服装所展示的特定风格和时尚趋势进行的。

1. 休闲风格

休闲风格的服装注重舒适性和休闲感。这种风格的服装通常采用轻松的剪裁和材质，如休闲裤、休闲连衣裙、T恤等。休闲风格的服装设计强调轻便、自由和随性的感觉，适合日常生活和休闲活动。

2. 正装风格

正装风格的服装强调正式和庄重的氛围。这种风格的服装通常是商务场合或正式场合的选择，如西装、礼服、正装连衣裙等。正装风格的服装设计注重剪裁的精细和细节的装饰，以展现出专业、优雅和正式的形象。

3. 潮流时尚风格

潮流时尚风格的服装追求时尚性和个性化。这种风格的服装通常受到时尚趋势和流行文化的影响，注重设计的创新和前卫。街头风格、时尚品牌服装等都属于潮流时尚风格的范畴。潮流时尚风格的服装设计注重独特性、个性化和时尚感，适合追求时尚和个性的消费者。

（三）根据季节

服装设计季节的分类是根据服装所适应的不同季节气候和环境条件进行的。

1. 春夏季服装

春夏季服装是适应温暖季节的服装，注重透气性和轻盈感。这种服装通常采用轻薄、透气的面料，如棉布、麻布、丝绸等。春夏季服装设计注重舒适度和清爽感，剪裁常采用宽松、轻盈的款式，颜色明亮、清新，图案多采用花卉、水果、动物等元素，以展现轻松、活泼和夏日的氛围。

2. 秋冬季服装

秋冬季服装是适应寒冷季节的服装，注重保暖性和厚实感。这种服装通常采用厚实、保暖的面料，如羊毛、羽绒、毛织物等。秋冬季服装设计注重保暖和层次感，剪裁常采用修身、收腰的款式，颜色偏暗、深沉，图案多采用格纹、条纹等元素，以展现温暖、稳重和冬季的氛围。

春夏季服装和秋冬季服装在面料选择、剪裁设计、颜色搭配和图案选择等方面存在明显差异。春夏季服装强调清爽、轻盈和透气性，更注重舒适感和活泼感；而秋冬季服装则注重保暖性、厚实感和稳重感。设计师需要根据不同季节的气候特点和消费者的需求，选择适合的面料和设计元素，以确保所设计的服装能够在不同季节提供舒适的穿着体验，并与季节氛围相契合。

此外，随着气候变化和人们对服装的需求多样化，季节服装的界限也逐渐模糊，出现了季节过渡款、多季节适用款等灵活设计。设计师可以根据市场需求和消费者喜好，结合不同季节的特点，创造出更时尚和更具实用性的服装设计。

二、服装设计的流程

服装设计的流程可以概括为以下六个步骤。

（一）研究和调研

了解目标受众、市场趋势、时尚潮流等，并进行调研和分析。

1. 目标受众研究

设计师需要研究并了解所设计服装的目标受众群体，包括年龄段、性别、职业、生活方式等方面的信息。通过调研目标受众的偏好和需求，设计师可以更好地把握服装设计的方向和风格，确保设计出符合目标受众品味和需求的服装。

2. 市场趋势调研

设计师需要对市场进行调研，了解当前的服装市场趋势和竞争情况。这包括研究行业报告、参观时尚展览、关注时尚媒体等。通过对市场趋势的把握，设计师可以更好地抓住时机，预测未来的发展方向，从而在设计中融入独特的元素，使服装更具吸引力和市场竞争力。

3. 时尚潮流研究

时尚潮流是服装设计中不可忽视的因素，它反映了社会、文化和审美的变化。设计师需要密切关注时尚潮流，包括时尚杂志、时装秀、社交媒体等渠道。通过研究时尚潮流，设计师可以获取灵感，了解流行的风格、色彩和图案，从而在设计中赋予服装时尚感和前瞻性。

（二）设计构思

根据研究结果，进行创意构思和设计方案的制订。

1. 灵感激发

设计师需要将研究和调研的结果转化为创意灵感。这可以通过观察、阅读、旅行、参观艺术展览等方式来激发灵感。设计师可以从不同的文化、自然、艺术等领域获取灵感，启发自己的创意思维。

2. 创意涌现

在灵感激发的基础上，设计师开始进行创意涌现。这个阶段可以通过绘画、草图、拼贴、色彩搭配等方式表达创意。设计师可以尝试不同的设计元素、线条、形状、图案和色彩，创造出独特而有吸引力的设计构思。

3. 设计方向确定

在创意涌现的过程中，设计师需要确定设计的方向和主题。这可以根据目标受众、品牌定位、市场需求等因素来确定。设计师需要思考服装的整体风格和表达的概念，确保设计方向与目标一致，并符合时尚趋势和市场需求。

4. 设计方案制订

在确定设计方向后，设计师开始制订设计方案。这包括选择适合的面料、颜色、剪裁方式和装饰元素等。设计师需要考虑服装的功能性、美学表达和可实施性，确保设计方案能够实现预期的效果。

（三）手绘草图

手绘草图是服装设计流程中的重要步骤，能够将设计构思以直观、个性化的方式表达出来。通过手绘草图，设计师能够展现服装的轮廓、细节和装饰，并借助色彩填充和标注说明来更好地传达设计构思。草图的反复修改和改进，以及与团队和客户的分享和讨论，能够促进设计的完善和达到最终的设计目标。

1. 确定设计构思

在进行手绘草图之前，设计师需要确定设计构思。这包括服装的整体风格、主题、细节和装饰等方面的要素。设计师可以参考之前的研究和调研成果，结合自己的创意和审美，确定设计构思的方向和要素。

2. 准备工具和材料

设计师需要准备合适的绘图工具和材料，如铅笔、彩色铅笔、细线笔、素描纸等。选择符合自己绘画风格和设计要求的工具和材料，确保能够表达出设计构思的细节和效果。

3. 绘制服装的轮廓

根据设计构思，使用铅笔或细线笔轻轻勾勒出服装的外形，包括衣领、袖子、裙摆等部分。可以使用基本的几何形状作为参考，但同时也要注意服装的整体比例和流线感。

4. 添加细节和装饰

在绘制服装的轮廓之后，设计师可以开始添加细节和装饰。这包括服装的纹理、图案、褶皱、刺绣等细节处理。可以使用不同的线条和阴影效果，突出服装的特点和设计要素。同时，还可以绘制出服装的配饰、纽扣、拉链等装饰元素。

5. 色彩填充和效果展示

在完成服装的轮廓和细节之后，设计师可以选择进行色彩填充，以更好地展现设计构思的效果。可以使用彩色铅笔或水彩等工具及颜料，根据设计要求填充服装的颜色和纹理。通过色彩填充，可以使草图更加生动和具体，同时也有助于传达设计的情感和风格。

（四）样衣制作

根据数字化设计图进行样衣制作，包括裁剪、缝制和装饰等。

1. 准备材料

根据设计图纸确定所需的面料、纽扣、拉链等材料，并准备好裁剪工具和缝纫设备。

2. 裁剪面料

根据设计图纸上的尺寸和裁剪规格，将面料进行裁剪。设计师或裁剪师根据样衣的款式和构造，将面料按照需要的形状和尺寸裁剪出各个部分，如前后身、袖子、领口等。

3. 缝制部件

根据设计图纸的指示，将裁剪好的面料部件进行缝制。使用缝纫机和手工缝纫技术，将面料的不同部分缝合在一起，形成样衣的基本形状。这包括缝合侧缝、肩缝、袖口、领口等。

4. 试穿和调整

样衣完成基本缝制后，进行试穿。设计师或模特穿上样衣，检查其合身度、舒适度和外观效果。根据试穿的结果，进行必要的调整，如修剪裁剪、加宽或缩小部分尺寸，以确保样衣的合适度和符合设计要求。

5. 细节处理和装饰

完成基本的缝制和调整后，进行样衣的细节处理和装饰。这包括添加纽扣、拉链、衬里、绣花、刺绣等细节元素，以及进行褶皱、折叠和折边等装饰效果的处理。细节处理和装饰能够提升样衣的质感和视觉效果，使其更加符合设计构思和设计要求。

（五）试穿和修改

试穿样衣，根据实际效果进行修改和调整。

1. 试穿样衣

设计师或模特穿上样衣，仔细观察和评估样衣在穿着过程中的效果。注意观察服装的整体外观、剪裁和线条是否符合设计要求，是否合身、舒适，是否有不合理的紧绷或松垮。

2. 检查合身度

评估样衣的合身度，包括肩部、腰部、臀部、袖长等部位的合适程度。注意观察是否有过紧或过松的地方，是否需要进行调整。

3. 检查舒适度

评估样衣的舒适度，包括面料的触感、透气性和活动度。考虑穿着者的活动范围和需求，检查样衣是否限制了活动，是否造成不适感。

4. 评估外观效果

观察样衣在穿着时的外观效果，包括线条、剪裁和装饰的协调性、图案和颜色的视觉效果。检查是否有需要调整的地方，如细节处理、装饰位置、线条的清晰度等。

5. 进行修改和调整

根据试穿的结果，确定需要进行的修改和调整。这可能涉及裁剪面料、调整线条、缝合部位的加宽或缩小、装饰元素的位置调整等。根据设计师的判断和经验，进行适当的改动，以使服装达到设计要求和预期效果。

6. 再次试穿和评估

进行修改和调整后，再次试穿样衣，评估修改的效果。重复以上步骤，直到样衣的合身度、舒适度和外观效果达到预期，并符合设计要求。

7. 最终确认和记录

确认样衣的最终效果，并记录下所做的修改和调整。这将成为后续生产和量产的依据，确保生产出的服装与样衣保持一致。

通过试穿和修改的过程，设计师可以确保服装的穿着体验和外观效果符合设计初衷，提升服装的质量和市场竞争力。

（六）展示和推广

展示和推广是服装设计流程中的关键环节，其有助于向目标受众展示设计作品，并促进服装的销售和市场推广。

1. 设计作品的准备

准备设计的服装样品和相关的展示物料，如服装模特、展示场地、摄影器材等。

2. 设计作品的展示

将设计的服装样品进行展示，可以通过时装秀、展览、展示柜等形式。在展示过程中，设计师需要考虑服装的展示方式、场景布置和模特的表演，以使设计作品得到最佳呈现。

3. 摄影和宣传

对设计的服装进行摄影，并制作宣传照片和宣传片段。这些照片和视频可以用于品牌宣传、社交媒体推广和网上销售平台等渠道，吸引更多的关注和潜在客户。

4. 媒体宣传

与媒体合作，进行设计作品的报道和宣传。通过时尚杂志、时尚博主、电视节目等媒体渠道，将设计作品推向更广泛的受众，增加品牌曝光度和知名度。

5. 销售渠道的建立

建立适合的销售渠道，如线上商城、实体店铺、代理商等，以便将设计作品推向市场。设计师需要考虑目标受众和销售渠道的匹配度，选择合适的销售策略和渠道合作伙伴。

6. 市场推广活动

开展市场推广活动，如促销活动、品牌合作、参展等，以吸引消费者的关注和购买欲望。这些活动可以增加品牌曝光度，拓展客户群体，并提升销售业绩。

7. 反馈和改进

定期收集消费者的反馈和意见，以改进设计作品和满足市场需求。设计师可以通过市场调研、客户反馈和销售数据等方式，了解消费者的偏好和需求，不断优化设计和推广策略。

通过展示和推广的过程，设计师可以将设计作品展现给更多的人群，提升品牌知名度和市场竞争力，从而促进销售和品牌发展。展示和推广是将设计创意转化为商业价值的重要环节。

 思考题

1. 服装设计的基本概念是什么？为什么服装设计在时尚行业中至关重要？

2. 服装设计的构成和要素有哪些？请举例并解释其作用。

3. 服装设计可以按照不同的分类方式进行划分，请列举几种常见的分类方式，并简要说明其特点。

4. 服装设计的流程是怎样的？从设计构思到最终成品的制作，包括哪些关键步骤？

5. 在实际的服装设计过程中，设计师需要考虑哪些因素？请列举并阐述其对设计结果的影响。

第二章 CorelDRAW/Illustrator 基础知识

第一节 CorelDRAW/Illustrator 的介绍和安装

一、CorelDRAW/Illustrator 的概述

CorelDRAW 和 Illustrator 是两款功能强大的矢量图形编辑软件，广泛应用于设计领域，包括服装设计、插图制作、品牌标识、广告设计等。它们提供了丰富的工具和功能，让设计师可以创造出高质量的矢量图形和艺术作品。

CorelDRAW 是由 Corel 公司开发的矢量图形编辑软件，具有直观的用户界面和强大的设计工具。它可以用于创建和编辑矢量图形、插图、排版和复杂的设计项目。CorelDRAW 具有多种绘图工具、填充和描边选项、文本处理功能、图层管理等功能，以及一些专门针对服装设计的工具，如模式填充、服装制板等。CorelDRAW 还支持多种文件格式的导入和导出，具有良好的兼容性。

Illustrator 是由 Adobe Systems 开发的矢量图形编辑软件，被广泛认为是行业标准之一。它提供了丰富的绘图特效工具，可以设计高质量的矢量图形、图标、插图和其他元素。Illustrator 不仅具有精确的绘图工具、形状编辑选项、色彩管理、图层控制等功能，还包括一些创意工具，如渐变、笔刷、图案和 3D 效果等。Illustrator 也支持与其他 Adobe 软件的兼容，如 Photoshop 和 InDesign，方便设计师在不同软件之间进行协同创作。

无论是 CorelDRAW 还是 Illustrator，都提供了直观的用户界面、丰富的工具和选项，使设计师能够快速、灵活地实现他们的创意。同时，它们也支持输出高质量的矢量文件，适用于各种输出媒介，包括印刷、打印、网络和多媒体等。

需要注意的是，CorelDRAW 和 Illustrator 是商业软件，需要购买许可证并进行安装。它们都有强大的社区支持和在线资源，设计师可以通过学习教程、参与论坛和探索专业的插件来深入了解和应用。

二、CorelDRAW/Illustrator 的安装

（一）操作步骤

安装 CorelDRAW 和 Illustrator 步骤如下：

1. 购买软件许可证

访问 CorelDRAW 和 Illustrator 的官方网站，选择适合需求的许可证类型，并进行购买。注意确保选择适用的操作系统的版本。

2. 下载安装程序

在购买完成后，将获得一个下载链接或安装程序。单击链接或运行安装程序，开始下载软件安装文件。

3. 运行安装程序

下载完成后，双击安装程序运行。根据提示选择安装语言、接受许可协议，并选择安装路径。如果需要，可以自定义安装选项。

4. 完成安装

安装程序将自动安装软件，并在完成后显示安装成功的消息。确保在安装过程中保持互联网连接，以便软件可以验证许可证并获取必要的更新。

5. 激活软件

在安装完成后，需要激活软件。根据软件提供的激活指南，输入许可证信息，并按照步骤完成激活过程。

6. 更新软件

安装完成后，建议更新软件至最新版本，以确保获得最新的功能和修复程序。在软件中查找更新选项，或访问官方网站下载更新文件进行安装。

（二）注意事项

在安装过程中，确保计算机满足软件的系统要求。

在安装前，建议关闭所有不必要的应用程序和防火墙、安全软件，以免干扰安装过程。

如果遇到问题或需要帮助，可以查阅软件的官方文档、在线支持或联系客户支持部门。

以上步骤是一般的安装步骤，并且可能因软件版本和操作系统而有所差异。确保在安装过程中遵循软件提供的具体指南和说明。

安装完成后，就可以开始使用 CorelDRAW 或 Illustrator 进行服装设计和其他创意工作。

第二节　CorelDRAW/Illustrator 的界面和工具

一、CorelDRAW/Illustrator 的界面

CorelDRAW 和 Illustrator 是两款功能强大的图形设计软件，它们提供了类似的界面结构（图 2-1）。

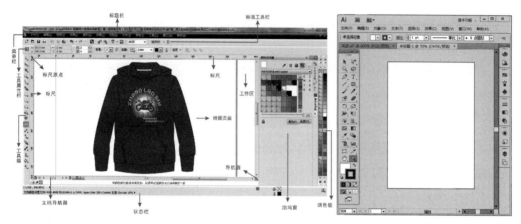

图 2-1　CorelDRAW 和 Illustrator 操作界面

（一）菜单栏

菜单栏位于软件窗口的顶部，包含各种菜单和子菜单，用于访问软件的各种功能和命令。在菜单栏中，可以执行文件操作、编辑图形、设置首选项等。不同的菜单项可以帮助完成不同的设计任务，如创建新文件、导入和导出图形、调整画布设置等。

（二）工具栏

工具栏通常位于软件窗口的左侧或上方，包含各种工具和选项，用于创建、编辑和处理图形。工具栏中的工具可以用于绘制形状、编辑路径、应用填充和描边等。每个工具都具有特定的功能和用途，可以根据需要选择合适的工具来完成设计任务。

（三）画布区域

画布区域是进行设计和绘图的主要区域，位于软件窗口的中央部分。在画布上，可以创建、编辑和排列图形元素，调整其属性和效果，并预览最终的设计效果。画布区域提供了一个可视化的工作空间，可以直观地操作和查看设计内容。

（四）信息面板

信息面板通常位于软件窗口的底部或右侧，显示有关所选对象或工具的详细信息和属性。通过信息面板，可以查看和调整图形的尺寸、位置、颜色、描边样式等。信息面板提供了实时的数据和设置选项，能够准确地编辑和控制图形元素。

（五）图层面板

图层面板位于软件窗口的一侧，用于管理图形元素的层次结构和可见性。通过图层面板，可以创建新的图层、调整图层的顺序、锁定或隐藏图层，以及对图层进行命名和组织。图层面板提供了一种组织和管理设计内容的方式，使设计师可以更加灵活地编辑和控制图形元素。

通过熟悉 CorelDRAW 和 Illustrator 的界面元素和功能，可以更加高效地使用这些软件进行服装设计。

二、CorelDRAW/Illustrator 的工具

CorelDRAW 和 Illustrator 是功能强大的矢量图形编辑软件，提供多种工具，用于创建、编辑和处理图形。以下是其中一些常用的工具（图 2-2）。

（一）选择工具

选择工具用于选择、移动和变换对象，可以调整对象的位置、大小和角度。

1. 选择对象

使用选择工具，可以轻松选择图形中的对象。单击对象即可选择，按住【Shift】键可以选择多个对象，按住【Alt】键可以取消选择已选中的对象。还可以通过拖拽鼠标来创建一个选择框，以一次性选择多个对象。

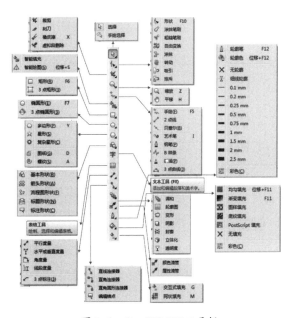

图 2-2　CorelDRAW 工具栏

2. 移动对象

用选择工具选中的对象，单击并拖动对象即可改变其位置。通过将鼠标指针悬停在对象的边缘或角落，还可以调整对象的大小。

3. 变换对象

选择工具还提供了一系列变换选项，可以对选中的对象进行旋转、倾斜、翻转和缩放等操作。通过单击并拖动变换控制手柄，可以调整对象的角度、比例和形状，从而实现多样化的设计效果。

4. 调整属性

选中对象后，可以通过属性面板或顶部菜单栏中的选项来调整其属性。例如，可以更改对象的填充颜色、描边样式、透明度和图层等设置。选择工具使设计师能够直接访问这些选项，并在实时预览中查看所做的更改。

5. 对象对齐和分布

选择工具还提供了对齐和分布对象的功能，以确保设计中的各个元素的位置和间距正确。通过选择多个对象并使用对齐和分布选项，可以将它们对齐到画布上的参考线、其他对象或特定的位置。

选择工具是 CorelDRAW 和 Illustrator 中最基本、但也是最重要的工具之一。其为设计师提供了对图形对象的全面控制，使他们能够精确地调整和编辑设计元素、熟练使用选择工具，可以更加灵活和高效地进行对象的选择、移动和变换，从而实现所需的服装设计效果。

（二）文本工具

文本工具用于插入和编辑文本内容。该工具使设计师能够在图形中添加文字元素，包括标语、品牌名称、产品描述、版权信息等。

1. 插入文本

通过选择文本工具，在画布上单击并拖动，创建一个文本框。可以在文本框内输入所需的文本内容，如字母、单词、句子或段落。

2. 编辑文本

选中已插入的文本框，可以直接在文本框内编辑文本内容。通过光标键盘控制，可以在文本框中移动光标，插入、删除或修改文字。

3. 文本属性设置

在属性栏或字符面板中，可以设置文本的各种属性，如字体、字号、颜色、对齐方式、行距、间距等。可以根据设计需求，选择适合的字体和字号，并调整文本的样式和外观。

4. 文本路径

文本工具还允许将文本沿着路径绘制，创造出曲线、圆形或自定义形状的文本效果。通过选择路径，可以将文本沿着路径弯曲、拉伸或扭曲，使其与服装设计的形状和线条相契合。

5. 文本效果

CorelDRAW 和 Illustrator 提供了丰富的文本效果和处理工具，例如文字阴影、文字倾斜、文字填充等。通过这些效果工具，可以进一步改变文本的外观和风格，通过选择合适的字体和样式，并合理布局和排列文本元素，设计师可以创造出独特和有吸引力的服装设计。

（三）刷子工具

刷子工具用于绘制自由笔触和艺术效果。它模拟了传统绘画和涂抹的效果，让设计师能够在数字环境中创造出各种艺术风格的效果。

1. 笔刷选择

通过选择刷子工具，可以在工具栏或面板中选择合适的笔刷样式。软件提供了各种预设的笔刷，如水彩笔刷、油画笔刷、铅笔笔刷等，也可以自定义笔刷样式。

2. 绘制自由笔触

使用刷子工具，可以在画布上自由绘制笔触，就像在纸上用笔绘画一样。可以选择不同的笔刷尺寸、颜色和透明度，根据需要调整笔触的粗细和浓淡。

3. 艺术效果

刷子工具还可以与其他工具和效果结合使用，创造出各种艺术效果。可以通过调整笔刷的特性和设置，如流量、稀释、颜色混合等，添加纹理、阴影、光线等效果，以实现独特的艺术风格。

4. 透明度和混合模式

使用刷子工具时，可以通过调整透明度和混合模式，控制绘制的笔触与底层图形的交互效果。这样可以创造出更加逼真的绘画效果，使绘制的笔触和背景与其他元素更好地融合。

5. 线条编辑

如果使用刷子工具绘制完成了自由笔触，仍然可以使用其他编辑工具对其进行调整和修改。例如，可以使用选择工具调整笔刷路径的位置和角度，使用形状编辑工具改变笔刷的形状和曲线，以达到所需的效果。

（四）填充工具

填充工具用于设置对象的填充颜色、渐变、图案或纹理，可以帮助设计师为图形元素添加丰富的色彩和纹理效果，使设计更加生动。

1. 填充类型选择

使用填充工具，可以选择不同的填充类型应用于对象。常见的填充类型包括纯色填充、渐变填充、图案填充和纹理填充。

（1）纯色填充

纯色填充是最简单和常用的填充类型，可以通过选择颜色或使用颜色选择器来设置填充颜色。可以使用预设的颜色，也可以自定义颜色以匹配设计需求。

（2）渐变填充

渐变填充可以在对象上创建平滑过渡的颜色变化效果。可以选择线性渐变或径向渐变，并设置起始和结束颜色、渐变方向和样式。渐变填充可以为设计添加深度和视觉层次感。

（3）图案填充

图案填充是通过重复模式图案来填充对象的。可以选择预设的图案样本，也可以导入自定义的图案图像。图案填充可以用于创造纹理、花纹和细节效果。

（4）纹理填充

纹理填充是通过应用纹理图像来填充对象的。可以选择预设的纹理样本，也可以导入自定义的纹理图像。纹理填充可以为设计添加真实感和质感。

2. 填充属性调整

填充工具还提供了各种属性调整选项，以进一步定制填充效果。可以调整填充的透明度、密度、角度和缩放等属性，以获得所需的视觉效果。

3. 路径填充

填充工具还支持沿路径进行填充。通过选择一个闭合路径，可以在路径的内部沿着路径线条进行填充，创造出有趣的效果，如文字环绕、草图填充等。

（五）描边工具

描边工具用于设置对象的描边颜色、粗细、虚线样式等，可以帮助设计师为图形元素添加轮廓线条，以强调形状、定义边界或创造特定的视觉效果。

1. 描边颜色设置

使用描边工具，可以选择颜色或使用颜色选择器来设置描边的颜色。与填充工具类似，可以使用预设的颜色，也可以自定义颜色以匹配的设计需求。

2. 描边粗细调整

可以通过调整描边的粗细来控制线条的宽度。可以选择预设的粗细选项，也可以手动输入粗细值或使用滑块进行微调。通过调整描边的粗细，可以改变图形元素的外观和重要性。

3. 描边样式设置

除了实线描边外，描边工具还提供了其他样式选项，如虚线、点线和箭头等。可以选择预设的样式，也可以自定义样式以满足设计需求。通过使用不同的描边样式，可以为图形元素赋予独特的视觉效果和风格。

4. 描边属性调整

描边工具还提供了各种属性调整选项，以进一步定制描边效果。可以调整描边的透明度、圆角、虚线间隔和起始位置等属性，以获得所需的视觉效果。

5. 路径描边

与填充工具类似，描边工具也支持沿路径进行描边。通过选择一个闭合路径，可以在路径的外部或内部沿着路径线条进行描边，创造出有趣的效果。

6. 描边和填充的组合

在 CorelDRAW 和 Adobe Illustrator 中，描边工具和填充工具可以结合使用，以创造更丰富和复杂的视觉效果。可以同时为对象设置填充和描边，调整它们的属性和层次关系，以实现所需的设计效果。

通过设置描边的颜色、粗细和样式，可以为服装的边界线条、图案和细节元素赋予个性和强调。无论是绘制衣物的轮廓线条、创造几何图案，还是为服装添加特殊的装饰效果，描边工具都能提供灵活和创意的解决方案。例如，在服装设计中，可以使用描边工具在领口、袖口、裙摆等部位添加细致的边框线条，以突出轮廓和细节。还可以使用不同的描边颜色和样式来创建图案、纹理或装饰元素，从而实现独特和个性化的服装设计。

此外，描边工具还可以与其他工具和效果结合使用，进一步扩展创意。例如，可以使用路径工具创建自定义路径，然后应用描边效果，使线条沿着路径弯曲或变形，实现流线型的装饰效果。还可以使用涂抹工具结合描边工具，模拟绘画效果，创造出艺术性的线条和纹理。

（六）裁剪工具

裁剪工具用于裁剪和调整图形对象或调整图像的大小和比例，可以帮助设计师精确地裁剪和调整所选对象或图像，达到设计需求和布局要求。

使用裁剪工具，可以按照需要裁剪图形对象或图像的边缘，以去除不需要的部分或调整其尺寸，具体步骤如下：

1. 选择裁剪工具

在工具栏中找到裁剪工具图标，并单击选择。

2. 定义裁剪区域

在画布上单击并拖动，创建一个矩形或自定义形状的裁剪区域。可以自由调整裁剪区域的大小和形状，以确保所选内容符合设计要求。

3. 执行裁剪

完成裁剪区域的定义后，单击裁剪工具图标上的裁剪按钮，或按下键盘上的相应快捷键，即可执行裁剪操作。裁剪后，所选对象或图像将被限制在裁剪区域内，并且超出裁剪区域的部分将被删除或隐藏。

4. 调整裁剪区域

如果需要进一步调整裁剪区域的大小或形状，可以使用变换工具或直接拖动裁剪区域的边缘和角点来进行调整。这样可以实现更精确地裁剪和尺寸调整。

（七）擦除工具

擦除工具用于擦除图形对象中的部分或整个区域，可以帮助设计师快速、精确地删除不需要的图形元素，进行修正和修改。

使用擦除工具，可以选择要擦除的图形对象或路径，并通过简单的操作来擦除指定的区域。使用擦除工具的基本步骤如下：

1. 选择擦除工具

在工具栏中找到擦除工具图标，并单击选择。

2. 定义擦除方式

在属性栏或选项面板中，可以选择不同的擦除模式和选项，以适应不同的擦除需求。例如，可以选择擦除对象的前景或背景部分，或者使用擦除笔触进行自定义的擦除。

3. 擦除图形对象

在画布上单击并拖动擦除工具，将其应用到所选的图形对象或路径上。擦除工具将删除所经过的区域，使其变为透明或以背景颜色填充。

4. 调整擦除效果

根据需要，可以调整擦除工具的大小、硬度和透明度，以获得更精确的擦除效果。这样可以使擦除过渡更平滑，确保所擦除的部分与周围的图形元素无缝连接。

擦除工具在服装设计中有多种应用场景。例如，当设计服装图案时，可能需要擦除图案中的一部分或整个区域，以创建透明效果或插入其他图形元素。此外，擦除工具还可以用于修正和修改设计中的错误或不需要的图形元素，以使其与整体设计风格和要求相符。

第三节　常用快捷键和操作技巧

CorelDRAW 和 Illustrator 都提供了丰富的快捷键和操作技巧，以帮助用户更高效地使用工具和完成任务。

一、常用快捷键

CorelDRAW 和 Illustrator 是功能强大的图形设计软件，提供了丰富的工具和功能来创建和编辑图形。为了提高工作效率，这两款软件都提供了一系列常用工具的快捷键，让用户能够通过按下特定的键盘组合来快速访问和操作工具。

（一）基本操作快捷键

复制和粘贴：【Ctrl】+【C】，复制所选对象；【Ctrl】+【V】，粘贴复制的对象；【Ctrl】+【X】，剪切所选对象。

撤销和重做：【Ctrl】+【Z】，撤销上一步操作；【Ctrl】+【Shift】+【Z】（或【Ctrl】+【Y】），恢复上一步撤销的操作。

保存和另存为：【Ctrl】+【S】，保存当前文件；【Ctrl】+【Shift】+【S】，另存为新文件。

选择和全选：【Ctrl】+【A】，选择所有对象；【Ctrl】+【D】，复制并重复上一步操作。

（二）工具操作快捷键

移动和变换：【Ctrl】+【T】，调整所选对象的大小、旋转和倾斜。

文本编辑：【Ctrl】+【Shift】+【O】，将文本转换为曲线或路径，方便对文字进行自由编辑。

对象分组：【Ctrl】+【G】，将所选对象进行分组；【Ctrl】+【Shift】+【G】，取消分组。

（三）视图和导航快捷键

文档视图切换：【Ctrl】+【Page Up】/【Page Down】，切换到上一个或下一个文档页面。

画布缩放：【Ctrl】+【+】/【 - 】，放大或缩小画布的视图。

画布平移：按住【Space】键并拖动画布，可以快速平移视图。

这些快捷键可以大大提高设计师的工作效率，减少在菜单栏中寻找命令的时间。通过熟练掌握这些快捷键，设计师可以更快速地完成各种操作和编辑任务，提高工作流程的流畅性和效率。

二、操作技巧

CorelDRAW 和 Illustrator 的工具常用快捷键不仅可以帮助设计师快速执行特定的操作，还提供了一些操作技巧，以便更高效地利用这些工具。

（一）快速选择和操作对象

使用选择工具时，按住【Shift】键可以添加多个对象到选择集中，按住【Alt】键可以从选择集中减去对象，这样可以快速创建复杂的选择集。

当使用形状工具（如矩形工具、椭圆工具）绘制对象时，按住【Shift】键可以创建等比例的形状，按住【Alt】键可以从中心点开始绘制形状。

在移动或调整对象时，按住【Ctrl】键可以快速复制并移动对象，这样可以快速创建重复的对象。

（二）文本编辑和样式应用

使用文本工具插入文本后，双击文本对象可以直接进入文本编辑模式，快速编辑文本内容。

使用样式面板可以快速应用和编辑对象的样式，如填充、描边、效果等。可以将样式应用于多个对象，以保持一致的外观。

在应用文本样式时，可以选择文本并使用快捷键【Ctrl】+【B】将其加粗，使用快捷键【Ctrl】+【I】使其倾斜。

（三）实时预览和非破坏性编辑

在进行形状或路径编辑时，按住【Space】键可以暂时切换到手势工具，以便平移画布，进而更好地查看和编辑对象。

在应用效果、调整颜色或添加滤镜时，可以勾选实时预览选项，以便在编辑过程中立即看到效果的变化。

使用非破坏性编辑技术，如使用剪贴蒙版来隐藏或显示特定区域，使用图层样式来应用效果，可以保持原始对象的完整性，随时进行调整和修改。

思考题

1. CorelDRAW 和 Illustrator 分别是什么软件？它们在数字化设计领域有何特点和优势？

2. 在安装 CorelDRAW 或 Illustrator 时，有哪些注意事项和步骤？请简要描述一下安装过程。

3. CorelDRAW 和 Illustrator 的界面有哪些主要组成部分？请说明每部分的作用和功能。

4. 介绍一些常用的绘图工具和编辑工具，并说明它们在 CorelDRAW 和 Illustrator 中的具体用途是什么。

5. CorelDRAW 和 Illustrator 有许多快捷键和操作技巧，其对提高工作效率和操作流畅性有何帮助？请分享一些你知道的常用快捷键和操作技巧。

第三章　服装设计的数字化绘制

第一节　服装设计的图形要素和构图原则

图形要素和构图原则在服装设计中起着重要的作用，可以影响服装的视觉效果和整体感觉。

一、图形要素

（一）线条

线条是图形中最基本的要素之一，可以表达出不同的情感和造型感。在服装设计中，线条的选择可以影响服装的轮廓和流线性，如直线、曲线、斜线等。

1. 直线

直线是最简单、最基础的线条形式。直线可以传达出简洁、干练和现代的感觉。在服装设计中，使用直线可以创造出结构感和几何感，使服装看起来更加简洁、利落和现代化。例如，直线型的剪裁和线条可以用于设计西装、职业装等正式场合的服装。

2. 曲线

曲线是一种柔和流畅的线条形式。曲线可以传达出柔美、优雅和女性化的感觉。在服装设计中，使用曲线可以创造出柔和的轮廓和流线型的效果，使服装看起来更加柔美、优雅和女性化。例如，曲线型的剪裁和线条可用于设计裙子、旗袍等展现女性魅力的服装。

3. 斜线

斜线是一种动态和活跃的线条形式。斜线可以传达出动感、运动和年轻的感觉。在服装设计中，使用斜线可以创造出动态和运动感，使服装看起来更加有活力和年轻感。例如，斜线型的剪裁和线条可用于设计运动装、休闲装等强调运动和活跃的服装。

　　除了以上几种基本线条形式外，还可以通过线条的组合和变化来创造出更丰富多样的效果。例如，使用交叉线条可以创造出层次感和复杂性；使用弯曲线条可以创造出流动和柔软的效果；使用重复线条可以创造出节奏感和重复的视觉效果等。设计师可以根据服装的风格和主题，灵活运用不同类型的线条来达到设计的目的和满足表达所需的情感。

（二）形状

　　形状是服装图形的基本单元，可以传达出不同的形象和风格。服装的形状可以是简单的几何形状，也可以是复杂的有机形状。

　　1. 圆形

　　圆形是一种柔和流动的形状，它可以传达出温暖、亲和女性化的感觉。在服装设计中，使用圆形可以创造出柔和的曲线和丰满的轮廓，使服装看起来更加柔美、亲切和温暖。例如，使用圆形的设计元素可以应用于领口、袖口、裙摆等部位，为服装增添柔和温馨的氛围。

　　2. 方形

　　方形是一种稳定和几何的形状，它可以传达出坚固、简洁和现代的感觉。在服装设计中，使用方形可以创造出直线和直角的效果，使服装看起来更加结构化、几何化和现代化。例如，使用方形的设计元素可以应用于口袋、领口、袖口等部位，为服装增添稳定的几何感。

　　3. 三角形

　　三角形是一种动态和有力的形状，可以传达出活力、动感和现代的感觉。在服装设计中，使用三角形可以创造出尖锐和流线型的效果，使服装看起来更加有力、动感和时尚。例如，使用三角形的设计元素可以应用于裙摆、领口、袖口等部位，为服装增添锐利的现代感。

　　除了以上几种基本形状外，还可以通过形状的组合和变化来创造出更多的效果。例如，使用曲线和圆形的组合可以创造出柔美和流动的效果、使用直线和方形的组合可以创造出结构化和几何化的效果、使用斜线和三角形的组合可以创造出动感和时尚的效果等。设计师可以根据服装的风格和主题，巧妙地运用不同类型的形状来达到设计的目的和表达所需的形象和风格。

（三）点和面

　　点和面也是图形要素中的重要组成部分。点可以用于创造细节和装饰效果，面可以用于表达服装的整体形态和轮廓。

1. 点

点是最简单的图形要素，可以用于创造细节和装饰效果。在服装设计中，点可以代表装饰物，如珠子、钻石、纽扣等。设计师可以巧妙地运用点的大小、密度和排列方式，创造出各种各样的细节装饰效果。例如，在服装上点缀一些小珠子，可以增添服装的华丽感；在领口或袖口处使用小型纽扣，可以增添服装的细节和个性。

2. 面

面是由点连接而成的封闭图形，可以用于表达服装的整体形态和轮廓。在服装设计中，面可以代表不同的部位或区域，如领口、袖口、裙摆等。设计师可以通过面的形状、大小和位置来创造出不同的服装造型和轮廓。例如，使用宽大的面可以营造出宽松和随性的服装风格；使用修身的面可以塑造出线条流畅和紧致的服装形态。

点和面的运用可以增添服装的细节和立体感。设计师可以通过点和面的排列和组合，创造出丰富的视觉效果和图案。同时，点和面也可以与其他图形要素如线条和形状相结合，形成更加丰富和有趣的服装设计。在实际的设计过程中，设计师需要根据服装的风格、主题和目标受众，灵活运用点和面的元素，以达到所需的效果和服装的特点。

二、构图原则

（一）对称性

对称性是服饰设计构图中常用的原则之一，通过左右对称的布局和形状安排来创造平衡和稳定的视觉效果。在服饰设计中，对称性的应用可以营造出整洁、庄重和传统的感觉，适合用于正式场合的服饰。

对称性的运用可以体现在服装的各个方面，如图案、细节、装饰等。以下是一些常见的对称性应用方式：

1. 中心对称

服装在中心或轴线上左右对称，使服装的左右两侧呈现相似的形状、图案或细节。例如，一件正装西服的前襟和后襟呈镜像对称，给人一种整齐和庄重的感觉。

2. 对称图案

服装上的图案或装饰元素左右对称排列，形成对称的视觉效果。例如，一件女性连衣裙上的花朵图案在左右两侧呈现相同的大小和形状，营造出平衡与和谐的视觉效果。

3. 对称细节

服装上的细节元素在左右对称的位置上安排，如纽扣、口袋、褶皱等。对称的细节安排使服装的整体结构更加平衡和协调。例如，一条男士西裤的两侧口袋和褶皱在左右对称的位置上，增强了服装的整洁和专业感。

对称性的运用可以使服装看起来更加整齐、庄重和经典。设计师也可以在对称的基础上适度地引入一些不对称的元素，以增加视觉的趣味和独特性。对称性只是构图的一种原则，设计师可以根据服装的风格、主题和目标受众来灵活运用，创造出丰富多样的服饰设计。

（二）不对称性

不对称性是指图形在中心或轴线上左右不对称，给人一种动态和个性化的感觉。在服装设计中，不对称性的运用可以使服装看起来更具有创新和独特性，适合时尚和潮流的服装。

1. 突出重点

通过将服饰的细节或装饰物放置在服饰的一侧，而另一侧保持相对简洁，可以吸引人们的目光并突出重点。这种不对称性的设计可以使服饰更加引人注目，塑造独特的风格。

2. 制造动感

通过不对称的线条和形状安排，可以营造出动感和流动感。例如，在连衣裙的设计中，采用不对称的裙摆长度或裙褶的处理，可以使裙子在行走或风吹动时呈现出变化多样的效果，增加服饰的活力和魅力。

3. 增加层次感

通过不对称的剪裁和面料组合，可以在服饰上创造出层次感。例如，将不同材质和质感的面料拼接在一起，或在一侧加入额外的褶皱或褶饰，可以使服饰在视觉上产生层次感和立体感，增加服饰的丰富度和立体性。

4. 强调个性

不对称性的设计常常被用来表达个性和独特性。通过在服饰的细节、图案或装饰上创造不对称的处理，可以使服饰展现出个人的风格和态度。这种不对称性的设计常用于时尚和潮流服饰中，使人们在穿着上展示个性和与众不同。

不对称性是一种富有创意和表现力的构图原则，可以为服饰设计带来独特的效果和个性化的魅力。设计师可以根据服饰的主题、风格和目标受众，灵活运用不对称性的设计，创造出与众不同的服饰作品。

（三）平衡

平衡是指图形在视觉上的均衡和稳定感。在服装设计中，平衡可以通过图形的大小、位置和数量来实现，使服装整体看起来和谐统一。

1. 对称平衡

对称平衡是指图形在中心或轴线上左右对称，各部分的形状、大小和位置相似或相等。这种平衡形式常见于正式和庄重的服饰设计中，它传达出一种稳定、整齐和典雅的感觉。

2. 不对称平衡

不对称平衡是指图形在中心或轴线上左右不对称，但通过其他元素的调整和组合实现整体平衡。设计师可以通过增加或减少某一侧的元素数量、大小或重量来达到平衡效果。不对称平衡常用于时尚和创新的服饰设计中，给人一种动态、个性和独特的感觉。

3. 导向平衡

异向平衡是指图形在不同方向达到均衡。例如，在服饰设计中，可以通过在上下、左右、前后等方向分布服饰元素，使整体呈现出均衡的视觉效果。这种平衡形式可以使服饰看起来更加稳定、统一。

4. 色彩平衡

除了图形的大小和位置，色彩的运用也是实现平衡的重要因素。在服饰设计中，设计师可以通过合理的色彩搭配和分布来实现平衡效果。色彩的明暗、饱和度和对比度等要素的平衡都会影响整体的视觉效果和平衡感。

平衡是一种视觉上的和谐感，它可以使服饰设计看起来整洁、稳定和美观。设计师在进行服饰构图时，需要考虑服饰的整体平衡性，并根据服饰的风格和目标受众选择合适的平衡形式。通过灵活运用平衡原则，设计师可以创造出富有美感和视觉冲击力的服饰设计作品。

（四）重复和对比

重复是指图形元素在设计中的重复出现，可以创造出一种统一和连贯感。对比是指不同的图形元素之间的差异和对立，可以创造出一种强烈的视觉效果和冲击力。

1. 重复

重复是指在服饰设计中重复使用相似的图形元素，如图案、线条、形状等。重复可以创造出统一和连贯感，使服饰看起来更加和谐和有组织。通过重复使用，设计师可以强调服饰的特定元素或主题，并增加整体的视觉吸引力。例如，重复的图案可以形成一种规律感，重复的线条可以强调服饰的流动性，重复的形状可以营造一种节奏感。

2. 对比

对比是指在服饰设计中使用不同的图形元素，通过差异和对立来产生强烈的视觉效果和冲击力。对比可以是大小的对比、形状的对比、色彩的对比等。通过对比的运用，设计师可以突出服饰的重要元素或创造出戏剧性的效果。对比可以使服饰更加引人注目和独特，给人一种视觉上的震撼和对比感。例如，大小的对比可以突出服饰的某一部分，形状的对比可以创造出丰富的造型感，色彩的对比可以增加服饰的鲜明度和视觉冲击力。

重复和对比是构成服饰设计中图形要素的重要手段。设计师可以根据设计的目标和风格选择适当的重复和对比方式，并灵活运用于服饰的各个方面，如图案、细节、装饰等。通过合理的重复和对比，设计师可以营造出丰富多样的视觉效果，使服饰更具吸引力和独特性。

（五）节奏和动态

节奏是指图形元素在设计中的有序排列和重复出现，可以创造出节奏感和动态感。在服装设计中，节奏和动态可以通过线条和形状的排列和变化来表达服装的流动和活力。

1. 节奏

节奏是指图形元素在设计中有序排列和重复出现，形成一种规律性和连贯性的感觉。在服饰设计中，节奏可以通过线条、形状、图案等元素的排列和重复来表达。通过合理的节奏设计，设计师可以创造出有序的动感和节奏感，使服饰看起来更加有活力和吸引力。例如，在连衣裙上使用重复的垂直线条可以营造出一种垂直的节奏感，或者在面料上使用重复的图案元素来形成一种规律的节奏效果。

2. 动态

动态是指图形元素在设计中的运动感和变化。在服饰设计中，动态可以通过线条的流动和形状的变化来表达。通过运用流线型的线条和流动感强的形状，设计师可以给服饰带来一种动态的感觉，使服饰看起来更具有生命力和活力。例如，在礼服的裙摆上使用流动的褶皱可以创造出一种飘逸的动态效果，或者在上衣的设计中使用流线型的线条来表达动感。

节奏和动态是构成服饰设计中图形要素的重要组成部分。设计师可以根据设计的主题和风格选择适当的节奏和动态表达方式，并将其灵活运用于服饰的各个方面，如线条、形状、细节等。通过合理的节奏和动态设计，设计师可以赋予服饰一种生动的感觉和时尚的形象，吸引人们的目光并展现出服饰的个性和风格。

第二节 CorelDRAW/Illustrator 中的基本形状绘制和编辑

一、基本形状绘制工具

（一）矩形工具

在 CorelDRAW 和 Illustrator 中，矩形工具是基本形状绘制工具之一，其可以用来绘制矩形或正方形的服装部件（图 3-1）。

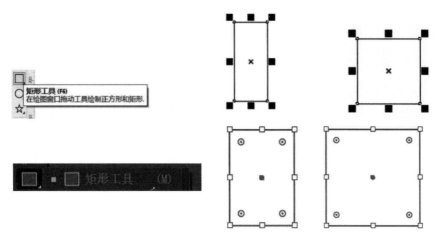

图 3-1　CorelDRAW 和 Illustrator 矩形绘制

1. 操作步骤

①打开 CorelDRAW 或 Illustrator 软件，创建一个新的文档。

②在工具栏中找到矩形工具图标，通常是一个矩形形状的图标。

③单击矩形工具图标，在画布上单击并拖动鼠标，定义矩形的大小和位置。

④松开鼠标，即可创建一个矩形形状。

2. 用途

矩形工具在服装设计中有多种用途，例如：

①绘制衣袖：可以使用矩形工具绘制衣袖的基本形状，然后根据需要进一步调整和编辑。

②绘制裤腿：类似地，矩形工具可以用来绘制裤腿的基本形状，然后进行必要的修改和调整。

③绘制装饰部件：矩形工具可以用来绘制服装上的装饰部件，如腰带、口袋、领口等，然后根据设计需要进行装饰的细化。

（二）椭圆工具

在 CorelDRAW 和 Illustrator 中，椭圆工具是基本形状绘制工具之一，它可以用来绘制圆形或椭圆形的服装部件（图 3-2）。

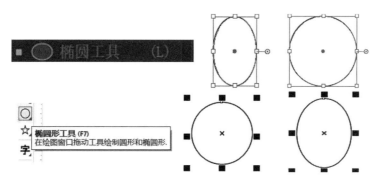

图 3-2　CorelDRAW 和 Illustrator 椭圆绘制

1. 操作步骤

①打开 CorelDRAW 或 Illustrator 软件，创建一个新的文档。

②在工具栏中找到椭圆工具图标，通常是一个椭圆形状的图标。

③单击椭圆工具图标，在画布上单击并拖动鼠标，定义椭圆的大小和形状。

④松开鼠标，即可创建一个椭圆形状。

2. 用途

椭圆工具在服装设计中有多种用途，例如：

①绘制领口：可以使用椭圆工具绘制领口的基本形状，然后根据需要进一步调整和编辑，以符合设计要求。

②绘制袖口：类似地，椭圆工具可以用来绘制袖口的基本形状，然后根据设计需求进行必要的修改和调整。

③绘制装饰部件：椭圆工具可以用来绘制服装上的装饰部件，如纽扣、珠饰等，然后根据设计需要进行装饰的细化。

（三）多边形工具

在 CorelDRAW 和 Illustrator 中，多边形工具是基本形状绘制工具之一，它可以用来绘制具有多个边的服装部件（图 3-3）。

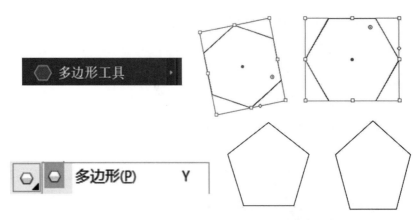

图 3-3　CorelDRAW 和 Illustrator 多边形绘制

1. 操作步骤

①打开 CorelDRAW 或 Illustrator 软件，创建一个新的文档。

②在工具栏中找到多边形工具图标，通常是一个正多边形或不规则多边形的图标。

③单击多边形工具图标，在画布上单击并拖动鼠标，定义多边形的大小和形状。

④在拖动的过程中，可以按住【Shift】键来限制多边形的比例，或者按住【Alt】键来从中心开始绘制多边形。

⑤松开鼠标，即可创建一个多边形形状。

2. 用途

多边形工具在服装设计中有多种用途，例如：

①绘制褶饰：通过绘制一个具有多个边的多边形，然后进行编辑和调整，可以创建出服装上的褶饰效果。

②绘制口袋：通过使用多边形工具绘制具有适当边数的多边形，可以绘制出服装上的口袋形状，然后进行编辑和装饰。

③绘制装饰边框：多边形工具还可以用来绘制服装上的装饰边框，如领口、袖口等，通过绘制适当边数的多边形并进行编辑，可以创造出独特的边框效果。

（四）钢笔工具

在 CorelDRAW 和 Illustrator 中，钢笔工具是一种常用的基本形状绘制工具，可以用来绘制自由曲线和复杂形状的服装部件（图 3-4）。

图 3-4　CorelDRAW 和 Illustrator 钢笔工具

1. 操作步骤

①打开 CorelDRAW 或 Illustrator 软件，创建一个新的文档。

②在工具栏中找到钢笔工具图标，通常是一个带有曲线形状的图标。

③单击钢笔工具图标，在画布上单击创建一个起始节点。

④继续单击并拖动鼠标，创建额外的节点，并调整节点的位置和方向，以创建所需的曲线形状。

⑤对于复杂的曲线形状，可以使用曲率控制手柄来调整曲线的弯曲和形状。

⑥完成绘制后，双击最后一个节点，或按下【Esc】键，即可闭合曲线形状。

2. 用途

钢笔工具在服装设计中具有广泛的应用，特别适用于绘制曲线和复杂形状的服装部件，例如：

①绘制腰带：通过使用钢笔工具绘制一条自由曲线形状，可以创建出服装上的腰带效果，然后进行编辑和装饰。

②绘制裙摆：使用钢笔工具可以绘制出各种复杂的裙摆形状，如 A 字裙、鱼尾裙等，通过调整节点和曲率控制手柄，可以创造出流畅而准确的曲线效果。

③绘制曲线装饰：钢笔工具还可以用来绘制服装上的曲线装饰，如花纹、边缘装饰等，通过精确绘制节点和曲线调整，可以实现精美的细节效果。

（五）直线工具

在 CorelDRAW 和 Illustrator 中，直线工具是一种基本形状编辑工具，可以创建直线形状，用于绘制服装部件的直线或创造几何图案和细节（图 3-5）。

图 3-5　CorelDRAW 和 Illustrator 直线绘制

1. 操作步骤

①打开 CorelDRAW 或 Illustrator 软件，然后打开一个新的文档或包含已创建形状的文档。

②在工具栏中找到直线工具图标，通常是一个带有直线的图标。

③单击直线工具图标，在画布上单击并拖动鼠标，以创建一条直线。按住【Shift】键可以限制直线的角度为 180°、90° 或 45°。

④松开鼠标，直线将被创建并显示在画布上。

2. 用途

直线工具在服装设计中具有以下用途：

①绘制直线形状的服装部件：直线工具可以用来绘制服装部件的直线形状，如裤子的裤腿、衬衫的袖子等。通过准确绘制直线，可以保证服装部件的几何形状和对称性。

②创造几何图案和细节：直线工具可以用来创造各种几何图案和细节，如网格、条纹、格子等。通过绘制直线并复制、平移、旋转等操作，可以创建复杂的几何图案，并应用于服装设计中。

③调整线条的属性：绘制直线后，可以使用软件的绘图工具栏或属性面板来调整直线的属性，如线条粗细、颜色、线型等。通过调整直线的属性，可以使其与整个服装设计风格相匹配。

二、编辑节点工具

在 CorelDRAW 和 Illustrator 中，编辑节点工具是一种基本形状编辑的工具，可以用来调整已创建形状的节点，从而改变形状的外观和轮廓（图 3-6）。

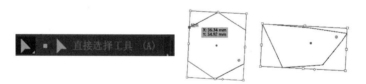

图 3-6　Illustrator 编辑节点工具

1. 操作步骤

①打开 CorelDRAW 或 Illustrator 软件，然后打开一个包含已创建形状的文档。

②在工具栏中找到编辑节点工具图标，通常是一个带有一个小方块和几个小圆圈的图标。

③单击编辑节点工具图标，在画布上选择要编辑的形状。

④单击形状上的节点，会显示出节点的控制手柄和选中状态的外观。

⑤拖动节点，可以调整节点的位置，改变形状的曲线和轮廓。

⑥拖动节点的控制手柄，可以调整节点的曲率和方向，从而改变形状的弯曲和流线性。

⑦可以选择多个节点同时进行调整，以达到期望的形状效果。

⑧完成编辑后，保存并导出修改后的形状。

2. 用途

编辑节点工具在服装设计中具有重要的应用，可以用于以下方面：

①调整形状的轮廓：通过拖动节点和控制手柄，可以改变形状的外观和轮廓，使其更符合设计要求。

②调整曲线的弯曲和流线性：通过调整节点的曲率和方向，可以改变曲线的弯曲程度和流动感，使服装部件更加优雅和动态。

③修正细节和准确性：通过编辑节点，可以微调形状的细节部分，修正不精确的曲线和角度，使形状更加精确和准确。

④调整形状的比例和大小：通过移动节点，可以改变形状的比例和大小，使其适应不同的服装部件和设计要求。

三、形状转换和变形工具

（一）转换工具

在 CorelDRAW 和 Illustrator 中，转换工具是一种形状转换和变形工具，可以用来对已绘制的形状进行平移、旋转、缩放或倾斜等操作（图 3-7）。

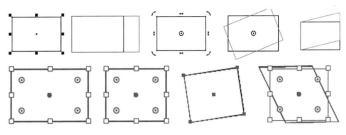

图 3-7 CorelDRAW 和 Illustrator 转换工具

1. 操作步骤

①打开 CorelDRAW 或 Illustrator 软件，然后打开一个新的文档或包含已创建形状的文档。

②在工具栏中找到转换工具图标，通常是一个带有箭头和方框的图标。

③单击转换工具图标，在画布上单击并拖动已绘制的形状，可以平移、旋转、缩放或倾斜形状。

④在进行转换操作时，可以按住【Shift】键来限制移动、旋转或缩放的比例或角度。

2. 用途

转换工具在服装设计中具有以下用途：

①形状的平移：通过转换工具的平移功能，可以将已绘制的形状在画布上进行水平或垂直方向的移动。这对于调整服装部件的位置或进行布局调整非常有用。

②形状的旋转：通过转换工具的旋转功能，可以围绕形状的中心点进行旋转操作。这可以用于调整服装部件的角度或创建对称效果。

③形状的缩放：通过转换工具的缩放功能，可以增大或缩小已绘制的形状。这对于调整服装部件的大小或比例非常有用。

④形状的倾斜：通过转换工具的倾斜功能，可以倾斜已绘制的形状，使其倾斜。这可以用于创建特殊效果或实现设计上的独特效果。

（二）形状建模工具

在 Illustrator 中，形状建模工具如铅笔工具和画笔工具提供了自由绘制形状并调整曲线的功能（图 3-8）。

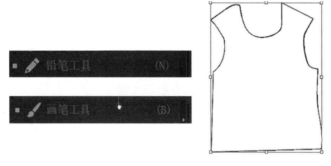

图 3-8　Illustrator 形状建模

1. 操作步骤

①打开 Illustrator 软件，并新建一个文档。

②选择铅笔工具或画笔工具，单击并拖动鼠标来自由绘制形状。

③在绘制形状时，可以通过调整绘图速度、施加不同的压力或使用不同的画笔设置来改变绘制的曲线效果。

2. 用途

形状建模工具在服装设计中具有以下用途：

①绘制复杂形状：形状建模工具允许设计师自由绘制形状，可以用于绘制具有复杂曲线和轮廓的服装部件，如褶饰、草图等。

②调整曲线和线条：通过形状建模工具，设计师可以自由调整绘制的曲线和线条，使其符合设计要求，并创造出特定的效果和风格。

③创建特定的图案：形状建模工具可以用于创建特定的图案，如纹理、图案或装饰

细节。设计师可以使用绘制的自由形状来生成独特的服装图案。

第三节　CorelDRAW/Illustrator 中的曲线绘制和编辑

在服装设计的数字化绘制过程中，曲线的绘制和编辑是非常重要的。CorelDRAW 和 Illustrator 是两款常用的设计软件，下面分别介绍它们中曲线绘制和编辑的基本操作。

一、CorelDRAW 中的曲线绘制和编辑

（一）绘制曲线

选择钢笔工具，在画布上单击创建曲线的起点，然后单击并拖动来创建曲线的控制点，通过调整控制点的位置和曲率绘制所需的曲线形状（图 3-9）。

图 3-9　CorelDRAW 曲线绘制和编辑

1. 操作步骤

在 CorelDRAW 中，曲线绘制是通过钢笔工具进行的。详细的步骤如下：

①打开 CorelDRAW 软件，创建一个新的文档。

②选择钢笔工具。该工具通常位于工具栏的左侧，可以通过单击工具栏上的相应图标来选择它。

③在画布上单击创建曲线的起点。这将成为曲线的第一个节点。

④沿着曲线的路径，在画布上单击并拖动来创建曲线的控制点。控制点决定了曲线的形状和方向。

⑤调整控制点的位置和曲率，以获得所需的曲线形状。可以通过拖动控制点来改变曲线的弯曲程度，通过调整控制点的方向来改变曲线的方向。

⑥如果需要创建更复杂的曲线，可以继续单击并拖动来添加更多的控制点，以调整曲线的形状。

⑦一旦绘制完成曲线，可以选择其他工具或进行其他操作。

2. 注意要点

在绘制曲线时，要注意以下几点：

①控制点的位置和数量会直接影响曲线的形状和流动性。密集的控制点可以创建更平滑的曲线，而较少的控制点则会产生更圆顺的曲线。

②控制点的曲率和方向决定了曲线的弯曲和转折。通过调整控制点的方向和曲率，可以创建出各种不同形状的曲线。

③绘制曲线时，可以使用【Shift】键进行约束，以保持曲线的水平、垂直或呈 45° 角。

（二）编辑曲线

选择形状编辑工具，单击曲线上的节点来调整节点的位置、曲率和角度。通过添加和删除节点、调整曲线段的长度和方向来编辑曲线的形状。

1. 操作步骤

在 CorelDRAW 中，编辑曲线的操作可以通过形状编辑工具来完成。操作步骤如下：

①打开 CorelDRAW 软件，然后打开包含曲线的文档。

②选择形状编辑工具。该工具通常位于工具栏的左侧，可以通过单击工具栏上的相应图标来选择它。

③单击曲线上的节点以选中它。选中的节点将显示为小圆圈或方块。

④拖动选中的节点来调整其位置。可以通过拖动节点的控制点来改变曲线的形状和方向。控制点通常位于节点两侧，并用于控制曲线的弯曲和转折。

⑤调整曲线的曲率和角度，以改变曲线的形状。可以通过拖动节点的控制点来调整曲线的曲率。通过拖动节点本身可以改变曲线的角度。

⑥如果需要添加节点，可以在曲线上右键单击并选择"添加节点"，或者按【Ctrl】键并在曲线上单击以添加节点。添加节点后，可以拖动新节点来调整曲线的形状。

⑦如果需要删除节点，可以在曲线上右键单击并选择"删除节点"，或者按【Delete】键来删除选中的节点。删除节点后，曲线将重新调整形状。

⑧通过添加和删除节点，调整曲线段的长度和方向，可以进一步编辑曲线的形状和流动性。

⑨完成曲线的编辑后，可以选择其他工具或进行其他操作。

2. 注意要点

在编辑曲线时，要注意以下几点：

①拖动节点会影响相邻节点之间的曲线段，因此需要关注整体的曲线流动性。

②对于复杂的曲线，可能需要添加更多的节点来精确调整曲线的形状。

③使用【Shift】键可以进行节点的180°、90°或45°角约束，以保持曲线的对称性或特定的角度。

二、Illustrator 中的曲线绘制和编辑

（一）绘制曲线

选择钢笔工具，在画布上单击创建曲线的起点，然后单击并拖动来创建曲线的控制点，通过调整控制点的位置和曲率来绘制所需的曲线形状（图 3-10）。

图 3-10　Illustrator 曲线绘制和编辑

1. 操作步骤

在 Illustrator 中，使用钢笔工具可以绘制曲线，以下是详细的步骤：

①打开 Illustrator 软件后创建一个新文档。

②选择钢笔工具。该工具通常位于工具栏的左侧，可以通过单击工具栏上的钢笔图标来选择它。

③在画布上单击创建曲线的起点。这将是曲线的第一个节点。

④继续单击并拖动以创建曲线的控制点。拖动控制点确定曲线的弯曲和流动性。拖动距离和角度决定曲线的曲率。

⑤对于曲线的每个弯曲点，单击并拖动创建弯曲点的控制点，以调整曲线的形状。

⑥对于直线段，只需单击画布上的目标点即可。这将创建一条直线段连接曲线的两个弯曲点。

⑦如果需要创建闭合曲线，即曲线的起点和终点相连接，请返回起点并将钢笔工具放置在起点附近。当光标显示一个小圆圈时，单击以闭合曲线。

⑧调整曲线的形状。可以通过拖动节点的控制点来改变曲线的曲率和流动性。可以通过拖动节点本身来调整曲线的角度。

⑨完成曲线的绘制后，可以选择其他工具或进行其他操作。

2. 注意要点

在绘制曲线时，要注意以下几点：

①拖动控制点会影响相邻的曲线段，因此需要关注整体曲线的流动性。

②对于复杂的曲线，可能需要添加更多的节点和控制点来精确调整曲线的形状。

③使用【Alt】键可以分离控制点，从而使曲线段的弯曲更加自由。

④使用【Shift】键可以进行节点和控制点的180°、90°或45°角约束，以保持曲线的对称性或特定的角度。

（二）编辑曲线

选择直接选择工具，单击曲线上的节点来调整节点的位置、曲率和角度。通过添加和删除节点、调整曲线段的长度和方向来编辑曲线的形状。

1. 操作步骤

在 Illustrator 中，使用直接选择工具可以编辑曲线的形状，以下是详细的步骤：

①打开 Illustrator 软件后打开设计文件。

②选择直接选择工具。该工具通常位于工具栏的左侧，可以通过单击工具栏上的白色箭头图标来选择它。

③单击曲线上的节点。曲线上的节点显示为小方块，表示曲线的角点或拐点。

④拖动节点以调整其位置。通过拖动节点，可以改变曲线的形状和轮廓。

⑤调整节点的曲率和角度。对于曲线上的每个节点，还可以通过拖动节点上的控制手柄来调整曲线的曲率和流动性。控制手柄是节点旁边显示的小线段，控制着曲线的弯曲程度。

⑥添加和删除节点。通过直接选择工具，可以添加新的节点到曲线上或删除现有的节点。要添加节点，可以单击曲线上的适当位置。要删除节点，可以选中节点并按下【Delete】键。

⑦调整曲线段的长度和方向。可以通过直接选择工具来调整曲线段的长度和方向。选中曲线段的一部分，然后拖动端点或调整控制手柄的位置，以改变曲线段的形状。

⑧完成曲线的编辑后，可以选择其他工具或进行其他操作。

2. 注意要点

在编辑曲线时，要注意以下几点：

①注意节点的位置和曲线的流动性，以保持整体曲线的平滑和连贯。

②使用控制手柄来调整曲线的曲率和流动性。拖动手柄的长度和方向会改变曲线的弯曲程度。

③使用【Alt】键可以分离控制手柄，从而使曲线段的弯曲更加自由。

④使用【Shift】键可以对节点和曲线段进行约束，以保持水平、垂直或特定角度的形状。

第四节　CorelDRAW/Illustrator 中的填充和描边设置

在 CorelDRAW 和 Illustrator 中，可以使用填充和描边设置来为图形添加颜色和边框。

一、CorelDRAW 中的填充和描边设置

在 CorelDRAW 中，填充和描边设置为设计师提供了丰富的选项，以添加颜色和线条效果。

①启动软件，新建画板，画一个矩形和一个圆形相交（图 3-11）。

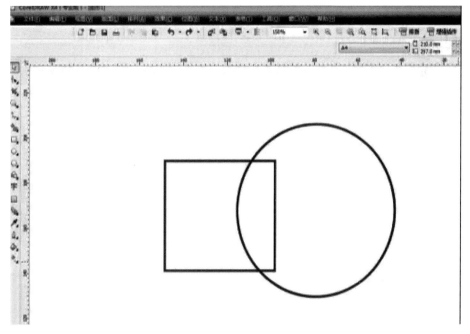

图 3-11　步骤一

②在工具栏中选择智能填充工具，可以快速提取中间相交的部分（图 3-12）。

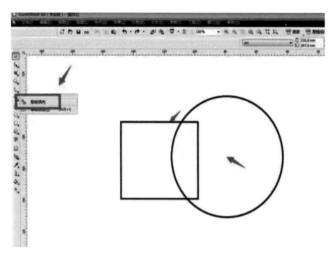

图 3-12　步骤二

③在属性栏选择填充选项，然后选择指定颜色，可以设置填充颜色（图 3-13）。

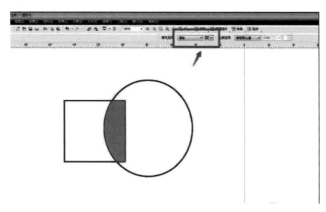

图 3-13　步骤三

④在轮廓选项中，可以选择指定颜色，设置描边的颜色（图 3-14）。

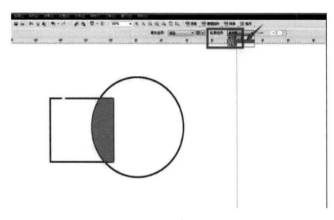

图 3-14　步骤四

⑤还可以在属性栏轮廓选项中设置线的粗细，比如设置为 1.5（图 3-15）。

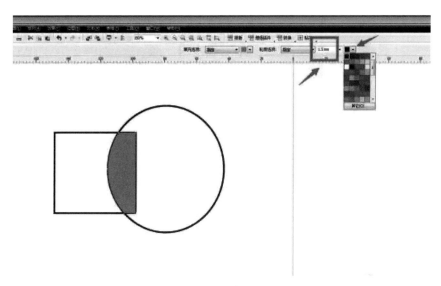

图 3-15　步骤五

⑥设置完成，单击右侧的部分，可以看到提取出来的图形，描边和填充都设置好了
（图 3-16）。

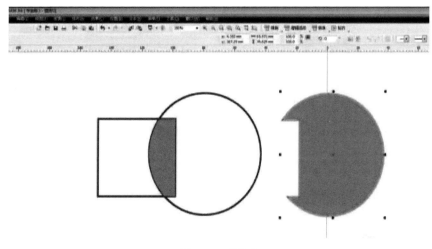

图 3-16　步骤六

二、Illustrator 中的填充和描边设置

Illustrator 中的填充和描边设置为服装设计提供了丰富的选项和功能。以下是在
Illustrator 中进行填充和描边设置的详细步骤：

①打开 Illustrator，新建一个画板，任意绘制一个形状（图 3-17）。

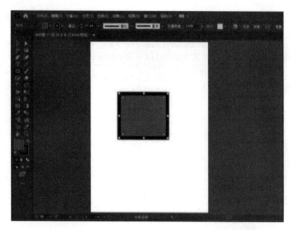

图 3-17　步骤一

②选中形状点对象—扩展（图 3-18）。

图 3-18　步骤二

③然后右键单击，取消编组（图 3-19）。

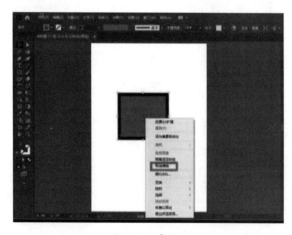

图 3-19　步骤三

④这样填充和描边就可以分开了（图 3-20）。

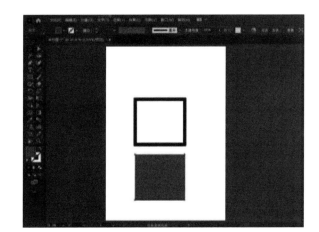

图 3-20　步骤四

第五节　数字手绘和线稿的转换和处理

将服装设计从数字手绘转换为线稿是常见的工作流程，它可以用于制作技术图稿、设计稿、图案制作和打样等方面。

一、扫描或拍摄

将手绘的服装设计通过扫描仪或相机进行数字化。确保扫描或拍摄的图像质量清晰，并以高分辨率保存。

（一）准备手绘设计

在进行扫描或拍摄之前，确保手绘的服装设计图案在纸张上清晰可见，并且没有模糊或缺失的部分。如果需要，可以使用铅笔或墨水笔加深线条，以确保图案清晰可辨。

（二）扫描设备选择

根据可用的设备选择合适的扫描仪或相机。扫描仪通常提供更高的图像质量和分辨率，适用于较大尺寸的手绘图案。相机则更适合小尺寸或非扁平的手绘设计，如纸张上的草图或细节。

（三）设置扫描仪或相机

根据设备的说明书或菜单设置，选择合适的扫描或拍摄设置。调整分辨率、色彩模式、亮度和对比度等参数，以获得清晰、准确的图像。对于扫描仪，选择较高的分辨率（通常 300dpi 或更高）以保留细节。

（四）扫描或拍摄过程

将手绘设计放置在扫描仪或相机上，并保持稳定。如果使用相机拍摄，确保光线充足、图案平整，并使用三脚架或稳定器以减少抖动。按下扫描或拍摄按钮进行操作。

通过将手绘设计进行扫描或拍摄，并进行图像处理、线稿追踪和编辑，可以将其转换为数字化的线稿。这样，可以在矢量图形软件中进一步编辑、添加细节和效果，以满足设计的需求。确保注意图像质量和调整尺寸，以获得准确、清晰和可编辑的线稿，便于后续的设计工作和生产过程。

二、调整图像

在图像处理软件中，打开扫描或拍摄的图像，进行必要的调整。可以调整亮度、对比度、色彩饱和度等，以使线稿更加清晰和准确。

（一）调整亮度和对比度

通过增加或减少图像的亮度和对比度，可以增强线稿的视觉效果。调整亮度可以使线条更加清晰，调整对比度可以增强线稿中的黑白对比。

（二）色彩校正

如果扫描或拍摄的图像存在色彩失真或偏差，可以进行色彩校正来还原图像的真实颜色。通过调整色阶、色调和饱和度等参数，可以使线稿的色彩更加准确和鲜明。

（三）锐化和去噪

通过应用锐化滤镜可以增强线稿的清晰度和边缘细节。同时，可以使用去噪滤镜来减少图像中的噪点和颗粒，使线稿更加平滑和清晰。

（四）裁剪和旋转

根据需要，对图像进行裁剪和旋转，以去除不必要的部分并调整线稿的方向和比例，以确保线稿的尺寸和比例与实际设计一致。

（五）清理和修复

使用修复工具或修复笔刷，可以去除线稿中的杂点、污渍或不必要的线条。对于断裂或缺失的线条，可以使用绘图工具进行补充和修复。

（六）调整图像尺寸和分辨率

根据设计的需求，调整线稿的尺寸和分辨率。确保线稿具有足够的分辨率，以便在后续的设计和打样过程中保持细节的清晰和准确。

在进行图像调整时，可以使用图像处理软件（如 Photoshop、Corel PHOTO-PAINT 等），根据实际情况选择合适的调整工具和滤镜。根据原始图像的特点和设计要求，灵活运用不同的调整技巧，使线稿达到最佳的视觉效果，选择适当的文件格式和保存选项，以保证图像质量和可编辑性。

三、图像追踪

使用 Illustrator 或 CorelDRAW，打开调整后的图像。利用软件中的自动追踪或手动描绘的工具，将图像中的线条转换为矢量路径。自动追踪工具会根据图像的特征和设置，尝试自动识别和转换线条，但结果可能需要进一步手动调整。

（一）打开调整后的图像

使用 Illustrator 或 CorelDRAW 打开经过调整的图像。确保图像清晰，并以高分辨率打开，以获得更准确的追踪结果（图 3-21）。

（二）选择图像追踪工具

在矢量图形软件中，找到图像追踪工具或插件。在 Illustrator 中，可以使用"图像追踪"功能，在 CorelDRAW 中，可以使用"位图追踪"工具（图 3-22）。

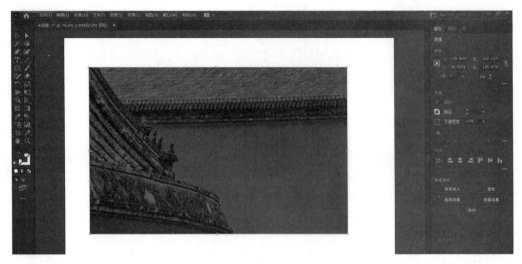

图 3-21　在 Illustrator 中打开图像

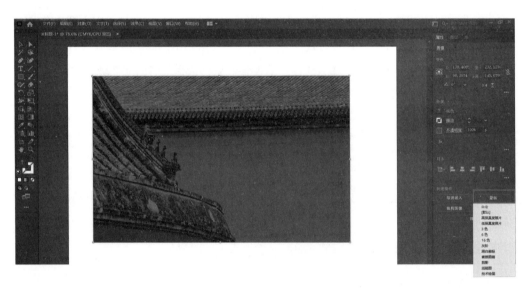

图 3-22　选择图像追踪工具

（三）设置追踪参数

在图像追踪工具的设置面板中，可以调整追踪的参数和选项。这些参数包括追踪的精度、颜色模式、路径优化等。根据图像的特点和追踪的需求，进行适当的设置（图 3-23）。

（四）进行图像追踪

根据软件的指引，开始进行图像追踪。对于自动追踪工具，它会根据图像的特征和设置，尝试自动识别和转换线条。对于手动描绘工具，需要手动跟踪线条，并用矢量路径进行替代（图 3-24）。

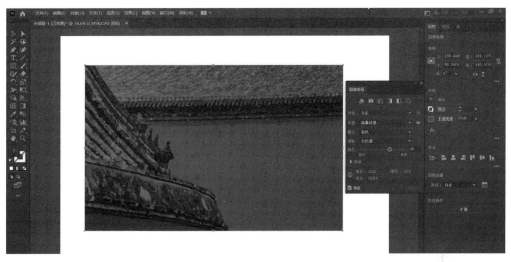

图 3-23　设置追踪参数

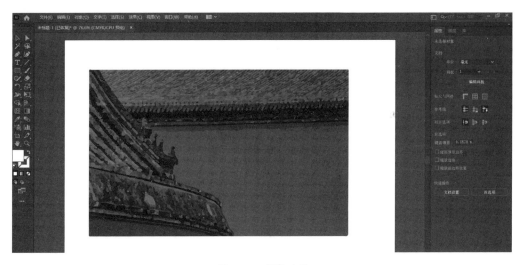

图 3-24　图像追踪

（五）手动调整路径

在自动追踪完成后，可能需要进一步手动调整路径，以确保线条的准确性和平滑度，如添加、删除、移动和调整路径节点，以适应设计的需求（图 3-25）。

（六）分离和组合路径

根据需要，将追踪得到的路径分离或组合。对于复杂的线稿，可以将不同部分的路径分离为独立的对象，以便单独编辑和处理。

通过扫描或拍摄将手绘图像导入计算机，然后利用图像追踪工具将线条转换为矢量路径。随后进行路径的调整、优化和修饰，以获得准确、清晰且高质量的线稿。这样可以方便后续的设计工作和生产制作，并保证设计在不同尺寸和比例下的质量和可扩展性（图 3-26）。

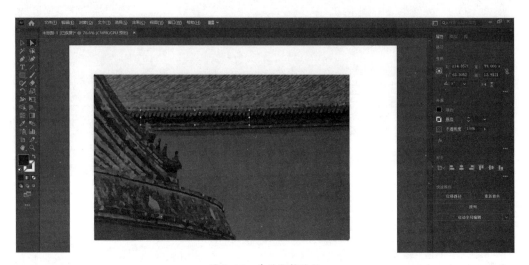

图 3-25　手动调整路径

图 3-26　分离和组合路径

四、清理和编辑

对追踪后的线稿进行清理和编辑。使用矢量编辑工具，调整线条的位置、角度和曲率，使其更加准确和流畅。删除多余的线条、修复断裂的线条、合并重叠的线条等，以使线稿看起来整洁和精确（图 3-27）。

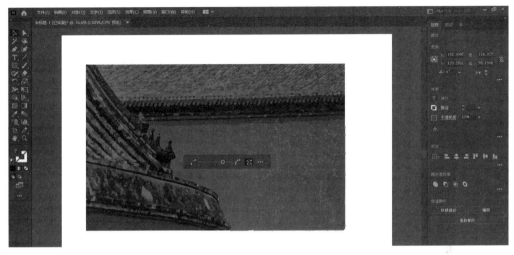

图 3-27　线稿清理和编辑

（一）调整线条位置和角度

使用选择工具或直接选择工具选中需要调整的线条，然后使用平移工具或旋转工具进行位置和角度的微调。通过调整线条的位置和角度，使其与原始手绘或设计意图更加一致。

（二）修复断裂的线条

在追踪过程中，可能会出现线条断裂或缺失的情况。使用钢笔工具或直线工具，绘制缺失的线段，以修复断裂的线条。确保新绘制的线段与原始线条的曲率和路径保持一致。

（三）删除多余的线条

在追踪过程中，可能会出现多余的线条或重复的线段。使用直线工具或剪刀工具，选择并删除不需要的线条，以减少杂乱和混乱。

（四）合并重叠的线条

当追踪的线条存在重叠或交叉的情况时，使用路径切割工具或形状生成器工具进行分割和合并。将重叠的线条分割成多个部分，并使用路径合并工具将其合并为单个线条。

（五）平滑和优化曲线

使用曲线平滑工具或节点编辑工具，调整线条的曲率和平滑度。消除锐角和不必要的锯齿，使线条更加流畅和优雅。

（六）细节修饰和添加

根据设计需求，在线稿上添加细节和装饰元素。使用绘制工具或形状工具，绘制图案、纽扣、拉链等细节，以丰富服装设计的外观。

（七）调整线条粗细和样式

使用线条工具或路径外观工具，调整线条的粗细、端点样式、线段样式等。根据设计需求，选择合适的线条样式，以增强线稿的视觉效果。

（八）分组和图层管理

将线稿分组并进行图层管理，以方便后续的编辑和修改。使用图层面板，将相关的线条和元素分组，并调整它们的层级关系，以确保整个线稿的组织和结构清晰。

在进行清理和编辑过程时，设计师应密切关注线稿的细节和整体外观。通过反复审查、调整和修改，确保线稿的质量和准确性达到预期的标准。这些清理和编辑的步骤将帮助设计师转换及处理数字手绘和线稿，使其成为数字化服装设计的准确参考。

五、输出和保存

完成线稿的编辑和处理后，将其输出为适当的文件格式，如矢量文件（如 AI、EPS）或高分辨率的位图文件（如 JPEG、TIFF），以便在后续的设计工作中进行修改和调整（图 3-28）。

（一）输出为矢量文件

如果线稿是以矢量形式进行处理的，设计师可以选择将其输出为矢量文件格式，如 AI 格式或可扩展矢量图形格式（EPS）。这些文件格式可以保留线稿的可编辑性和矢量特性，方便后续的修改和调整。

图 3-28 输出和保存文件

（二）输出为位图文件

如果线稿经过追踪和处理后已成为位图形式，设计师可以选择将其输出为高分辨率的位图文件格式，如 JPEG、TIFF。选择适当的分辨率，以确保线稿的细节和清晰度得以保留。

（三）调整输出设置

在输出时，设计师可以根据需要调整一些设置，如色彩模式、分辨率和文件大小。对于印刷品，通常使用 CMYK 色彩模式；对于屏幕显示，可以选择 RGB 色彩模式。分辨率通常设置为 300 dpi（点 / 英寸），以保证输出的质量和清晰度。

（四）文件命名和版本控制

为了方便管理和识别，设计师应给输出文件命名，可以包括相关的信息，如日期、版本号和描述。此外，建议保存不同版本的文件，以便在需要时进行回溯和比较。

（五）备份和存档

为了防止意外丢失或损坏文件，设计师应定期进行文件备份，并将其存档在安全的位置，如云存储或外部硬盘。这样可以确保线稿的长期保存和保护。

（六）文件格式的选择

根据设计的用途和需求，设计师可以选择适合的文件格式进行输出和保存。矢量文件适用于需要进行修改和缩放的情况，而位图文件适用于静态展示和印刷等情况。

（七）文件共享和交流

设计师可以根据需要，将输出的文件分享给其他人，如客户、制造商或协作伙伴。根据接收方的需求，可以选择合适的文件格式和共享方式，如电子邮件、云存储或专业设计平台。

通过正确的输出和保存，可以保持线稿的质量和完整性，方便设计师后续的使用和传播。同时，定期的备份和存档也是保障文件安全和可持续设计的重要步骤。

思考题

1. 服装设计中的图形要素有哪些？请解释每个要素的含义和在设计中的重要性。

2. 在服装设计中，构图原则对于设计的表达和效果有着重要的影响，列举并解释一些常见的构图原则在服装设计中的应用。

3. CorelDRAW 和 Illustrator 中的基本形状绘制工具有哪些？请简要介绍每个工具的使用方法和常见应用场景。

4. 曲线绘制在服装设计中常常用于绘制复杂的曲线轮廓和流线型图案，在 CorelDRAW 和 Illustrator 中，有哪些工具和技巧可用于曲线绘制和编辑？

5. 填充和描边是设计中常用的元素设置，可以赋予服装设计更多的表现力和视觉效果。在 CorelDRAW 和 Illustrator 中，如何进行填充和描边的设置和调整？请分享一些实用的技巧和方法。

第四章　服装设计的数字化制板

第一节　服装设计的板型要素和规范

板型是指服装设计中所需的衣物样式和尺寸的基本要素，其决定了服装的整体结构和形状。

一、身体部位

服装设计的板型要素和规范涵盖了多个身体部位，每个部位都有特定的考虑因素和规范要求。关于各个身体部位的板型要素和规范的详细信息如下：

（一）领口

领口的形状可以是圆形、方形、V形、披肩等，根据设计的风格和需求来确定。

领口的宽度和高度可以根据服装款式和设计目的进行调整。例如，正式场合的衣服可能具有较小且较高的领口，而休闲服可能具有较宽且较低的领口。

（二）肩线

肩线的宽度取决于所设计服装的风格和目标用户群体。一般来说，肩线不宜过宽或过窄，应与其他部位的比例协调。

肩线的廓型可以是直线、圆形或其他曲线形状。根据设计需求，可以调整肩线的曲率和平滑度。

（三）胸围

胸围的宽度取决于设计风格和穿着需求。宽松的衣服可能具有较大的胸围，而贴身的衣服则胸围可能较窄。

胸围的廓型可以是直线、曲线或组合形状。考虑到穿着舒适度和外观，可以调整胸围的曲率和平滑度。

（四）腰围

腰围的宽度根据服装的设计风格和穿着需求来确定。贴身的衣服可能具有较窄的腰围，而宽松的衣服可能具有较宽的腰围。

腰围的廓型可以是直线、曲线或组合形状。考虑到舒适度和外观，可以调整腰围的曲率和平滑度。

（五）臀围

臀围的宽度根据服装的设计风格和穿着需求来确定。贴身的衣服可能具有较小的臀围，而宽松的衣服可能具有较大的臀围。

臀围的廓型可以是直线、曲线或组合形状。根据设计需求，可以调整臀围的曲率和平滑度。

（六）袖长

袖长取决于设计的款式和穿着需求。一般来说，袖长可以根据以下几个要素来确定：

1. 手腕位置

袖子的长度通常以手腕为参考，可以决定袖口的位置，是否覆盖手腕或延伸至手掌。

2. 设计风格

不同的设计风格可能对袖长有特定的要求。例如，正式场合的服装可能需要长袖，而休闲服可能更适合短袖或中袖。

3. 季节和气候

季节和气候也会影响袖长的选择。冬季需要长袖来保暖，夏季更适合短袖或无袖设计。

（七）裤长

裤长是指裤子的长度，通常以脚踝为参考。裤长的选择取决于设计的款式、场合和穿着需求。

不同的裤子风格可能有不同的裤长要求，如长裤、七分裤、短裤等。此外，廓型（如宽松、贴身、喇叭形等）也会影响裤长的选择。

以上是关于服装设计中板型要素和规范中身体部位的详细信息。每个部位的要素和规范都与设计的风格、目标用户和穿着需求有关。设计师需要综合考虑这些要素，以确保板型的合适性、舒适性和视觉效果。此外，具体的板型要素和规范还会受到时尚趋势、文化背景和个人风格的影响，因此设计师还需要灵活地运用这些要素来实现独特的设计。

二、剪裁方式

在服装设计中，剪裁方式是指将布料按照特定的方式剪裁成服装的形状和结构。剪裁方式直接影响着服装的外观、舒适度和穿着效果。

（一）直剪裁

直剪裁是最简单和常见的剪裁方式。衣物按照身体的基本线条剪裁而成，保持直线和简洁的外观。这种剪裁方式适用于一些基本款式和休闲服装，适合强调简约和舒适感。

（二）随身剪裁

随身剪裁是一种贴合身体曲线的剪裁方式，旨在突出身体线条和塑造完美的身形。衣物通过在关键部位进行调整，如胸围、腰围和臀围，以确保贴合身体并展现优雅的轮廓。这种剪裁方式常用于正式场合的服装和定制服装，使穿着者呈现出更为精致和优雅的形象。

（三）宽松剪裁

宽松剪裁是一种衣物松散地围绕身体剪裁而成的方式，旨在提供更多的舒适度和自由度，使穿着者感觉轻松和自在。宽松剪裁常用于休闲服装、运动服和夏季服装，适合强调休闲、随意和舒适的风格。

设计师需要根据服装的款式、风格和目标用户的需求，选择适合的剪裁方式。剪裁方式不仅影响服装的外观和舒适度，还与面料的选择和工艺的处理密切相关。因此，在进行剪裁设计时，设计师需要综合考虑剪裁方式、面料特性和工艺要求，以实现最佳的板型效果。

三、尺寸和比例

在服装设计中，尺寸和比例是板型设计中非常重要的要素和规范。它们决定了服装的适合程度、舒适度和整体美感。

（一）尺寸

尺寸是指衣物的具体测量数值，用于确定各个部位的宽度、长度和围度。常见的尺寸包括胸围、腰围、臀围、袖长、裤长等。设计师需要根据目标用户的身体特征和市场需求来确定衣物的尺寸。不同的服装款式和风格可能对尺寸有不同的要求，例如休闲服装通常会采用宽松的尺寸，而正式场合的服装则更注重贴合身体的尺寸。

（二）比例

比例是指衣物各个部分之间的相对大小关系。合理的比例安排可以使服装在视觉上更加协调和平衡。设计师需要考虑各个部位的比例，如领口和袖子的比例、衣长和裤长的比例等。不同服装款式可能会有不同的比例要求，例如正式的西装可能会强调修长的比例，而休闲的街头风格则更注重夸张的比例。

在确定尺寸和比例时，设计师需要考虑目标用户的身材特征、所设计服装的功能和风格，以及市场需求。此外，尺寸和比例也与服装的剪裁方式和板型设计密切相关。设计师可以通过样板制作、试穿和调整等方式来验证和完善尺寸和比例的设计。

除了个体的尺寸和比例，还有一些通用的规范可供参考，以确保设计的服装符合普遍的身体美学标准。这些规范可以涵盖不同年龄、性别和文化群体，帮助设计师在设计过程中获得更好的指导。尺寸和比例的规范因地区和市场而异，设计师需要对目标市场的特点和需求有一定的了解，并根据实际情况进行调整。

四、布料和裁剪指导

在服装设计的板型要素和规范中，布料选择和裁剪指导是非常重要的方面，其直接影响到服装的质感、外观和穿着舒适度。

（一）布料选择

布料选择是根据设计风格、功能需求和季节等因素来确定适合的面料类型。不同的面料具有不同的质地、弹性和透气性，对板型的塑造和舒适度有着重要的影响。例如，棉质面料适合舒适休闲的款式，丝质面料适合婚纱和晚礼服等正式场合的服装设计。在选择布料时，还需要考虑面料的颜色、图案和纹理，以与设计理念和市场需求相匹配。

（二）裁剪指导

裁剪指导是将设计好的板型图纸应用到实际的面料上，按照规定的形状和尺寸进行裁剪。裁剪的准确性和精度对最终板型的质量至关重要。以下是裁剪指导的一般步骤：

1. 准备面料

在裁剪之前，需要将面料展开，并确保其平整无皱。根据板型要求，计算所需的面料长度和宽度。

2. 定位和固定图案

如果设计中包含图案或纹理，需要在面料上进行定位并固定。这可以通过将图案与板型图纸对齐，使用针或缝纫胶水等方式完成。

3. 布置板型

根据板型图纸的指示，在面料上布置板型，并使用缝纫针或缝纫钉固定。确保板型的位置需准确无误，以确保最终的裁剪结果正确。

4. 裁剪

使用裁剪工具（如裁剪剪刀或裁剪机），沿着板型图纸上的线条进行裁剪。确保刀具锋利，以获得干净和精确的裁剪边缘。

5. 标记和记录

在裁剪过程中，可以使用纸张或织带标记各个裁剪片段，以便后续缝制时能够轻松识别。

6. 整理面料

完成裁剪后，将剪裁的面料整理好，以便后续的缝制工序。

在布料选择和裁剪指导中，需要密切合作和沟通，以确保设计师的意图得以准确传达和实现。裁剪师需要具备专业的技术知识和技能，熟悉不同类型的面料和裁剪工具，并能根据板型要求进行准确的裁剪。通过精确的裁剪和良好的面料选择，可以实现理想的板型效果，为后续的缝制工序奠定良好的基础。

五、规范和标准

服装设计的板型要素和规范不仅涉及基本的身体部位和比例，还涉及行业规范和品牌要求。

（一）行业规范

在服装行业中，存在一些通用的板型规范和标准，以确保衣物的质量、舒适度和穿着效果。这些规范可以涵盖不同类型的服装，如上装、下装、连衣裙、外套等。行业规范通常由相关组织、标准化机构或行业协会制定，以确保服装符合一定的标准。这些规范可能涉及尺寸、剪裁、缝制和细节等方面，旨在实现统一的质量和可穿性。

（二）品牌要求

不同的服装品牌可能有自己的板型要求和规范，这取决于品牌的定位、风格和目标受众。品牌要求可能包括特定的身体比例、廓型、尺寸范围和修身度等。品牌可能对特定的细节和特色有要求，如领口的形状、袖子的长度、腰部的设计等。服装设计师需要根据品牌要求进行调整和定制板型，以确保符合品牌的风格和形象。

对于服装设计师来说，了解行业规范和品牌要求是非常重要的。遵循行业规范可以确保设计师所设计的服装符合标准，具有一致的质量和可穿性。而满足品牌要求可以确保设计师的作品与品牌形象和市场定位相符，为目标受众提供满意的穿着体验。因此，与制造商、品牌代表或技术人员进行密切合作，了解其要求和标准，并根据实际情况进行板型调整是至关重要的。

此外，随着技术的进步，一些服装设计软件也提供了可视化的板型规范和标准。设计师可以通过这些软件，参考和应用行业规范和品牌要求，快速生成符合标准的板型图纸，从而提高设计效率和准确性。

了解行业规范和品牌要求对于设计师来说是必要的，它们为服装设计提供了一定的指导和标准，以确保最终的产品质量和穿着效果。设计师需要在创造性的同时，与制造商和品牌合作，遵循规范和要求，以确保设计的板型符合预期并满足市场需求。

六、可调节性和适应性

可调节性和适应性是服装设计中的重要考虑因素，旨在确保服装在不同身形和个体之间具有灵活性和穿着舒适度。

（一）可调节性

可调节性是指在板型设计中考虑到服装的可调节性，以适应不同身形和个体的需求。这种设计可以通过以下方式实现：

1. 腰带和绳带

在裙子、裤子或上衣中添加可调节的腰带或绳带，可以根据个人腰围的大小进行调整。这样的设计可以使服装更好地贴合身体，提供更好的舒适度和穿着体验。

2. 扣子和拉链

在服装的关键部位，如前襟、袖口或裤腰等，使用可调节的扣子和拉链。通过调整扣子的位置或拉链的长度，可以根据个人的需要来调整服装的宽松度和紧身度。

3. 可拉伸面料

使用弹性材料或可拉伸面料来设计服装，使其具有更好的适应性。这种面料可以在保持舒适度的同时，适应不同身材。

（二）适应性

适应性是指板型设计要考虑到不同身体形态的适应性，以使服装在各种身体类型上都有良好的穿着效果。以下是一些考虑适应性的设计技巧：

1. 剪裁和曲线设计

使用剪裁和曲线设计技巧，将服装的廓形和线条与身体形状相协调。这可以通过合适的腰线、合身的剪裁、修长的裤腿等方式实现，以强调和优化身体的特点。

2. 弹性和柔软性

选择具有适度弹性和柔软性的面料，以确保服装能够适应身体的自然曲线和运动。这样的面料可以提供更好的舒适度和可穿性。

3. 多功能设计

考虑到不同场合和穿着需求，设计服装具有多功能性。例如，可拆卸的领子、可调节的袖口、多样化的穿着方式等，使服装更易于适应不同的场景和个人偏好。

通过考虑可调节性和适应性，服装设计师可以创造出更具普适性和人性化的板型，满足不同身形和个体的需求。这样的设计可以使服装更具可穿性、舒适性和个性化，提供更好的穿着体验。同时，遵循行业规范和品牌要求，确保板型的质量和一致性，对于成功的服装设计也至关重要。

七、基本规则和技巧

基本规则和技巧是在服装设计中常用的指导原则，用于确保板型的质量和效果。

（一）平衡

板型的各个部分应该保持平衡，以避免某一部分过于突出或不协调的情况。平衡可以通过合理安排各个部分的大小、形状和位置来实现。例如，在设计上可以通过合理的领口和袖子大小来平衡上半身的比例。

（二）流线型

板型的设计应尽可能地符合身体的自然曲线，以创造出流线型和优雅的效果。这可以通过使用合适的曲线和弧线来实现，使板型更贴合身体，并展现出身体的优美线条。例如，在设计上可以使用弧线来呈现腰围的曲线。

（三）功能性

板型的设计还应考虑到服装的功能性需求，如舒适度、活动性和适应性。不同类型的服装在功能性方面有不同的要求，如运动服装需要提供较大的活动空间和透气性，而职业装则需要注重舒适度和专业形象。

（四）细节处理

板型设计也包括对细节的处理，如拼接、褶皱、口袋等。这些细节的处理应与整体板型相互协调，并考虑到功能和美观的因素。细节的处理会增加服装的独特性和吸引力，并展示设计师的个人风格。

（五）实用性

板型设计应考虑到服装的实用性和穿着舒适度。板型应具有合适的宽松度和适当的剪裁，以适应不同体型和穿着场合。同时，板型的设计也要考虑到缝制的可行性和效率，以确保板型的实际制作和量产的可行性。

这些基本规则和技巧是在服装设计中常用的指导原则，设计师可以根据具体的设计需求和个人风格进行灵活运用。通过遵循这些规则和技巧，设计师可以创建出符合人体工程学原理、舒适、美观和实用的板型，实现设计的目标和效果。

第二节　CorelDRAW/Illustrator 中的板型制作和编辑

在 CorelDRAW 和 Illustrator 这两款软件中，制作和编辑服装设计的数字化板型可以分为以下几个主要部分：

一、创建新文档

打开 CorelDRAW 或 Illustrator 软件，创建一个新的文档作为制板的工作区。设置文档的尺寸和分辨率，用通常使用衣服的实际尺寸作为参考（图 4-1）。

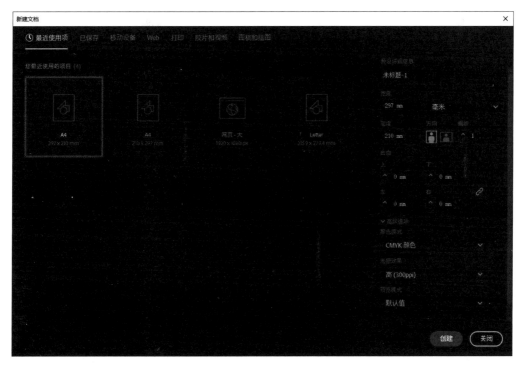

图 4-1　创建新文档

（一）打开软件

启动 CorelDRAW 或 Illustrator 应用程序，进入软件的主界面。

（二）新建文档

在菜单栏中，选择"文件"菜单，然后选择"新建"选项。也可以使用快捷键（【Ctrl】+【N】）打开新建文档对话框。

（三）设置文档尺寸

在新建文档对话框中，可以设置文档的尺寸。根据实际需要，输入所需的宽度和高度数值，或选择预定义的页面大小（如 A4、Letter 等）。通常，选择合适的尺寸以匹配衣物的实际尺寸和比例。

（四）设置分辨率

在新建文档对话框中，可以设置文档的分辨率。分辨率表示每英寸（或每厘米）的像素数。对于数字化制板，通常选择较高的分辨率，以确保细节和曲线的平滑度。一般来说，300dpi（点 / 英寸）是常用的打印质量分辨率。

（五）颜色模式

在新建文档对话框中，选择颜色模式。可以选择 CMYK 模式用于印刷输出，或 RGB 模式用于屏幕显示。根据设计需求，选择适合的颜色模式。

（六）其他设置

根据需要，可以设置其他选项，如页面方向（纵向或横向）、间距、背景颜色等。这些选项可以根据具体设计需求进行调整。

（七）确认和创建

确认所有设置后，单击"创建"或"确定"按钮，创建新的文档。软件将根据设计师的设置生成一个空白的工作区，作为的板型设计的基础。

创建新文档后，就可以开始在 CorelDRAW 或 Illustrator 中制作和编辑板型了。根据设计需求，使用各种工具和技巧来绘制形状、编辑路径、添加细节、设置填充和描边等。通过创建新文档，可以确保工作区的尺寸和设置符合的板型制作要求，并为后续的设计工作提供一个清晰的起点。

二、绘制基础形状

使用形状工具（如矩形工具、椭圆工具）绘制服装的基本形状，如衣身、领口、袖子、裤腿等。根据设计需求和风格选择合适的工具和绘制方法（图 4-2）。

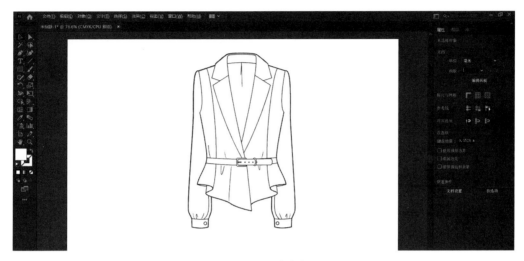

图 4-2　绘制服装基本形状

（一）选择形状工具

在工具栏中，找到并选择适合的形状工具，如矩形工具、椭圆工具、多边形工具等。不同的形状工具适用于不同的形状需求。

（二）确定绘制方式

根据设计需求，确定绘制形状的方式。可以使用工具的默认绘制方式，如单击并拖拽鼠标来绘制矩形或椭圆形状。还可以按住【Shift】键来保持形状的比例，或按住【Alt】键来从中心开始绘制形状。

（三）绘制形状

使用选择的形状工具，在文档中单击并拖拽鼠标来绘制所需的形状。根据需要，调整形状的大小和比例。可以使用鼠标、绘图板或绘图板工具来绘制形状的边界和角度。

（四）编辑形状

形状绘制完成后，可以使用矢量编辑工具（如直接选择工具、锚点工具）对形状进行编辑。通过调整节点、曲线和控制手柄，可以修改形状的曲线和角度，以获得所需的效果。

三、编辑路径

使用直接选择工具或节点编辑工具，对绘制的路径进行调整和编辑。调整路径的位置、角度和曲率，使其更准确地表达出板型的形状和轮廓。

（一）选择路径

使用直接选择工具，在画布上单击路径上的节点或线段，以选中要编辑的路径。可以单击选中单个节点或某条线段，也可以按住【Shift】键并单击选中多个节点或某条线段。

（二）调整路径的位置和角度

选中路径后，可以通过拖动节点或线段来调整路径的位置和角度。拖动节点可以改变路径的形状和轮廓线，拖动线段可以调整路径的曲率和角度。

（三）调整路径的曲率和角度

对于曲线路径，可以通过调整节点的控制手柄来改变曲线的曲率。单击选中节点，出现控制手柄后，可以拖动控制手柄来调整曲线的形状和流动性。

（四）添加和删除节点

在编辑路径时，可以添加新节点或删除现有节点，以进一步调整路径的形状。使用节点编辑工具，单击路径上的位置，可以添加新节点；使用直接选择工具，选中节点后按下【Delete】键，可以删除节点。

（五）其他路径编辑技巧

在编辑路径时，还可以使用其他技巧来获得更精确的编辑效果。例如，使用锚点转换工具可以调整节点的角度和锚点类型；使用切割工具可以将路径切割成多个部分。

四、填充和描边设置

使用填充工具和描边工具，为板型的形状添加颜色、纹理和描边效果。选择适当的填充类型，如纯色、渐变或图案，调整填充的属性和外观，使其与设计概念相匹配（图4-3）。

图 4-3 填充和描边

（一）填充设置

填充设置是在 CorelDRAW 和 Illustrator 中为板型的形状添加颜色、纹理和图案的重要步骤。

1. 选择要设置填充的形状

使用选择工具单击选择板型中的形状对象。可以单击一个形状来选择单个对象，或按住【Shift】键并单击多个形状来进行多选。

2. 打开填充设置面板

在顶部菜单栏中，找到并打开"属性"面板。该面板位于顶部菜单栏的窗口菜单下。在属性面板中，可以找到填充设置的选项。

3. 选择填充类型

在属性面板中，找到填充设置的图标，单击它以打开填充类型的选择菜单。根据的设计需求，选择所需的填充类型。

（1）纯色填充

选择纯色填充以为形状添加单一的颜色。在属性面板中，可以使用颜色选择器选择预定义的颜色，或使用调色板创建自定义的颜色。还可以通过输入 RGB 数字色值、CMYK 数字色值或十六进制值来定义颜色。

（2）渐变填充

选择渐变填充以为形状添加颜色过渡效果。在属性面板中，可以选择线性渐变或径向渐变，并设置起始和结束颜色。还可以调整渐变的方向、角度、颜色位置和样式（如线性、径向、角度、扩散等）。

（3）图案填充

选择图案填充以为形状添加预定义的图案或导入自定义的图案图像。在属性面板中，可以从图案库中选择一个预定义的图案，或通过单击"导入"按钮选择并导入自己的图案图像。一旦选择了图案，可以调整图案的大小、缩放、旋转和位置。

4. 设置填充属性

根据设计需求，可以进一步调整填充的属性和外观。以下是一些常见的填充属性设置：

（1）不透明度

通过调整填充的不透明度，可以控制填充的透明度级别，从而影响形状的可见度。

（2）填充模式

某些填充类型，如渐变填充，可以选择不同的填充模式，如线性、径向、扩散等。

（3）路径调整

在填充设置中，还可以使用路径调整工具来调整填充在形状上的位置和路径。

（二）描边设置

描边设置是板型设计中重要的一部分，可以为形状和边界添加视觉效果和定义。通过调整描边的颜色、粗细、样式和特殊效果，可以为板型创造出不同的外观和风格。

1. 选择要设置描边的形状

使用选择工具单击选择想要设置描边的形状对象。可以选择单个形状或多个形状进行批量设置。

2. 打开描边设置面板

在顶部菜单栏中，找到并单击打开"属性"面板。在面板中，可以找到用于设置描边的选项。

3. 选择描边类型

单击描边设置图标，以打开描边设置面板并选择所需的描边类型。常见的描边类型包括实线、虚线和箭头。

4. 设置描边属性

根据设计需求，调整描边的属性和外观。具体的设置选项可能会因所选的描边类型而有所不同。

（1）实线描边

①设置线条的颜色：通过选择颜色选取器或输入颜色值来设置描边的颜色。

②调整线条的粗细：使用粗细滑块或输入粗细值来控制描边的线条粗细。

③样式设置：选择直线、圆角或斜角等样式来定义描边的外观。

（2）虚线描边

①设置虚线样式：选择虚线的样式，如点画线、破折号等。

②调整虚线的间隔：使用间隔滑块或输入间隔值来控制虚线的间距。

③设置起始位置：调整虚线的起始点位置，使其符合设计要求。

（3）箭头描边

①选择箭头类型：从预设的箭头样式中选择合适的箭头类型。

②调整箭头大小：调整滑块大小或输入不同值来控制箭头的尺寸。

在进行描边设置时，建议实时预览和调整描边的效果。通过尝试不同的颜色、粗细、样式和特殊效果，可以找到最适合设计需求的描边外观。描边可以用于突出板型的轮廓、添加装饰性元素以及增强板型的视觉效果。

五、添加文字和标注

在 CorelDRAW 和 Illustrator 中，可以使用文本工具轻松地在板型上添加文字和标注，以提供额外的信息或说明（图 4-4）。

图 4-4　添加文字和标注

（一）选择文本工具

在工具栏中找到并选择文本工具，文本工具图标为"T"字母图标。

（二）单击板型上的位置

单击想要添加文字或标注的板型上的位置，可以创建一个文本框，可以在其中输入文本。

（三）输入文本

在文本框中输入所需的文本。可以输入尺寸、说明、标签或任何想要在板型上呈现的文字内容。

（四）设置字体和样式

在顶部菜单栏中，找到并打开字体设置面板。在面板中，可以选择字体、字号和样式。根据板型的需求和设计风格选择合适的字体和样式。

（五）调整文本框的大小和位置

使用选择工具调整文本框的大小和位置，使其适应板型的布局和需要。可以拖动文本框的边缘或角落来调整大小，以及拖动文本框本身来移动位置。

（六）格式化文本

使用文本工具选中要进行格式化的文本，并在字体设置面板中进行调整。可以更改字体的颜色、行间距、对齐方式等。还可以应用斜体、下划线或其他文本效果，以满足板型设计的要求。

（七）添加尺寸标记和注释

除了常规文本，还可以使用文本工具添加尺寸标记和注释。例如，可以使用文本工具在板型中的边缘添加尺寸标记，或在特定部位添加注释以指示细节或特定要求。

（八）调整文字和标注的位置

使用选择工具调整文本和标注的位置，确保其与板型的其他元素相互配合。可以拖动文本框本身或使用文本工具的文本对齐选项来进行微调。

（九）复制和重复使用

如果需要在板型中的其他位置重复使用相同的文字或标注，可以复制并粘贴它们。使用选择工具选中已添加的文本框，然后使用复制（【Ctrl】+【C】）和粘贴（【Ctrl】+【V】）命令将其复制到新的位置。

（十）校对和检查

在添加文字和标注后，务必进行校对并检查所添加的文字和标注的准确性和清晰性，以确保所添加的尺寸标记与实际尺寸一致，且说明文字明确、易于理解。对于特定的注释，如特殊要求或材料说明，确保它们清晰明了，以便在制作和缝制过程中能够正确理解。

（十一）文字对齐和间距

根据板型的需要，进行适当的文字对齐和间距调整。在 CorelDRAW 和 Illustrator 中，可以使用对齐工具和间距工具来对齐文本和调整文字之间的距离，以使整体布局更加均衡和整齐。

（十二）文字效果和变形

为了进一步增强文字的视觉效果，可以尝试应用特殊效果和变形。在 CorelDRAW 和 Adobe Illustrator 中，可以使用效果菜单和文本变形工具来创建倾斜、扭曲、阴影、描边等效果，以使文字与板型的整体风格相匹配。

（十三）导出为图像或 PDF

完成了板型的设计和文字的添加，可以将其导出为图像文件（如 JPEG、TIFF）或 PDF 文件，以便与其他人共享或进行后续的制作和制板工作。在导出时，确保选择适当的分辨率和文件格式，以保持文字的清晰度和可读性。

六、分组和图层管理

形状和细节绘制完成后，可以使用分组工具将相关的形状和细节进行组合，以便后续的编辑和管理。同时，可以使用图层面板来管理不同元素的层次结构，以便更好地控制和编辑。

（一）分组工具

1. 选择相关形状和细节

使用选择工具选择要分组的形状和细节。可以按住【Shift】键选择多个对象，或使用框选工具选择多个对象。

2. 分组形状和细节

在 CorelDRAW 中，单击顶部菜单栏中的"对象"菜单，然后选择"组合"选项。在 Illustrator 中，单击顶部菜单栏中的"对象"菜单，然后选择"组合"选项。

3. 编辑分组对象

形状和细节分组后，可以在需要的时候对整个组进行编辑。通过选择组对象并使用矢量编辑工具（如直接选择工具或节点编辑工具），可以调整整个组的位置、大小、角度和曲率。

（二）图层管理

1. 创建新图层

在图层面板中，单击图层面板底部的"+"按钮，或从顶部菜单栏中选择"新建图层"选项，以创建新的图层。

2. 命名和组织图层

在图层面板中，为新创建的图层命名，并根据需要进行组织和排序。可以通过拖放图层来调整它们的顺序，或使用图层面板中的箭头按钮移动图层的位置。

3. 显示和隐藏图层

在图层面板中，通过单击图层前面的眼睛图标，可以显示或隐藏特定图层。这对于临时隐藏一些图层以便更好地编辑其他图层非常有用。

4. 锁定和解锁图层

在图层面板中，通过单击图层前面的锁定图标，可以锁定或解锁特定图层。锁定图层可以防止对其进行编辑，以避免意外的修改。

5. 可见性和不可见性

在图层面板中，通过单击图层前面的眼睛图标，可以控制图层的可见性。隐藏不需要的图层可以简化工作区，使设计师能够更好地关注正在编辑的内容。

第三节　CorelDRAW/Illustrator 中的裁片排版和拼接

裁片排版和拼接是数字化制板过程中的关键步骤，其涉及将裁片按照一定的规则和布局进行排列和组合，以最大限度地减少面料的浪费，并确保裁片之间的匹配和对称性。

一、裁片规划

在开始排版之前，需要对板型进行规划和分析。根据板型的要求和设计尺寸，评估面料的尺寸和可利用面积，以确定最佳的排版方式。

（一）分析板型要求

在裁片规划之前，要仔细分析板型的要求。了解设计的尺寸、形状、数量和细节，以及板型的特殊要求（如对称性、匹配等），这些信息将对后续的裁片规划起到指导作用。

（二）评估面料尺寸和可利用面积

接下来，评估可利用面料的尺寸和可利用面积。测量面料的宽度和长度，并考虑到可能的边缘损耗和裁剪余量。这样可以确定面料的实际可用面积，帮助决定如何最佳地利用面料来排版裁片。

（三）确定排版方式

根据板型和面料的尺寸，确定最佳的排版方式。可以考虑水平排版、垂直排版、交错排版等不同的布局方式。目标是最大限度地减少面料的浪费，并确保裁片之间的匹配和对称性。

（四）考虑裁剪顺序

在裁片规划过程中，还需要考虑裁剪的顺序。有些裁片可能需要在其他裁片之前裁剪，以确保正确的匹配和拼接。根据设计的特点和裁剪的复杂程度，决定合理的裁剪顺序，以提高制作效率。

（五）留出缝边余量

在排版时，要确保裁片之间有足够的缝边余量，以便进行缝制。根据面料的性质和缝制方式，确定合适的缝边余量，并将其考虑在内。

（六）使用软件工具进行模拟

在 CorelDRAW 和 Illustrator 等软件中，可以使用矢量绘图工具和排版工具来模拟裁片的规划。通过在工作区中绘制裁片形状，并进行移动、旋转和缩放等操作，可以实时预览裁片排版的效果，从而更好地规划和调整。

裁片规划的目标是确保裁片的合理排布和最佳利用面料，以获得高质量的板型和制作效率。通过细致地规划和分析，设计师能够在数字化制板中有效管理裁片优化的排版过程。

二、裁片划分

根据板型图纸，将设计中的各个部分划分为不同的裁片。使用形状工具和路径编辑工具，在 CorelDRAW 或 Illustrator 中绘制裁片的形状，并确保裁片之间有足够的重叠和缝边余量（图 4-5）。

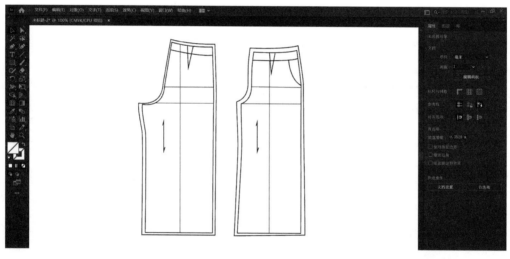

图 4-5　绘制裁片

（一）导入板型图纸

在 CorelDRAW 或 Illustrator 中，导入板型图纸作为参考。这可以是手绘的板型图纸扫描件或已经数字化的板型文件。

（二）创建裁片形状

使用形状工具（如矩形工具、椭圆工具）或路径编辑工具，根据板型图纸绘制裁片的形状。根据设计的需要，可以创建直角形状、弧线形状或复杂的曲线形状。

（三）调整裁片形状和尺寸

使用直接选择工具或节点编辑工具，调整裁片的形状和尺寸，确保与设计要求和板型图纸相匹配。可以移动、拉伸、旋转或修改节点来调整裁片的外形。

（四）确定缝边和重叠余量

在裁片划分过程中，要留出足够的缝边和重叠余量，以确保裁片在缝制时可以连接在一起。根据制作要求和面料的特性，确定合适的缝边宽度和重叠长度。

（五）标记裁片

在每块裁片上添加标记，如尺寸标记、对称线等。这些标记可以帮助裁剪工人在实际操作中进行参考，确保裁片的正确排布和缝制。

（六）组织和命名裁片

使用图层面板，将裁片按照组织结构进行分组，方便后续的管理和编辑。可以为每个组件分配命名，以便在制作过程中进行参考和识别。

通过仔细的裁片划分，可以确保每个裁片的形状和尺寸准确无误，并为后续的排版和拼接提供可靠的基础。这对于数字化制板和高质量的板型制作至关重要。

三、排版布局

根据裁片的形状和数量，将其进行合理的排版。在工作区中创建一个新的图层用于排版，使用选择工具和移动工具将裁片移动到适当的位置。考虑面料的可用面积和裁片之间的匹配要求，尽量减少面料的浪费。

（一）创建新的图层

在工作区中创建一个新的图层，用于排版裁片。这样可以将裁片与其他元素分开，以便更好地进行管理和编辑。

（二）评估面料和裁片数量

根据实际面料的可用面积和裁片的数量，进行评估和计算。了解面料的尺寸、宽度和可用面积，以及每个裁片的尺寸和形状。

（三）设定排版规则

根据面料和裁片的特性，设定一些排版规则。例如，确定裁片之间的最小间距、对称性要求，以及裁片在面料上的摆放方向。

（四）移动和调整裁片

使用选择工具和移动工具，将裁片从图层中选择并移动到工作区中。根据排版规则和设计需求，将裁片逐个摆放在面料上，并确保它们之间的距离和位置符合要求。

（五）旋转和镜像翻转

根据需要，使用旋转工具或镜像翻转工具对裁片进行旋转或镜像翻转。这可以更好地利用面料的可用面积，并确保裁片的形状和方向与设计要求一致。

（六）碰撞检测和调整

在进行排版布局时，要注意裁片之间的碰撞和重叠情况。使用碰撞检测工具或手动调整，确保裁片之间没有重叠或过于紧密的情况。

（七）保存布局

在完成排版布局后，建议保存布局文件并进行备份。这样可以随时回顾和调整排版，以便在后续的裁剪和缝制过程中参考。

通过合理的排版布局，可以最大限度地利用面料，减少浪费并提高制作效率。这对于数字化的制板成功和高效制作非常重要。同时，良好的排版布局也可以为后续的裁剪、缝制提供重要的基础。

四、裁片拼接

对于需要拼接的裁片，使用路径编辑工具和对齐工具来确保裁片的对称性和拼接位置的准确。通过调整节点和路径，将裁片的边缘对齐并连接在一起。

（一）准备裁片

在板型制作过程中，确保每块裁片的边缘是平滑和精确的。使用路径编辑工具和节点编辑工具对裁片进行必要的调整和修正，以确保边缘线条的连贯性和准确性。

（二）对齐裁片

使用选择工具选中要拼接的裁片。确保裁片的边缘相互接触或重叠，以便进行拼接。

使用对齐工具（如水平对齐或垂直对齐）将裁片的边缘对齐。使用对齐工具可以确保裁片之间的位置关系正确无误，从而实现平滑的拼接。

（三）连接裁片

使用路径编辑工具选择拼接的边缘，即要连接的节点和路径。

使用路径编辑工具中的节点调整功能，对拼接的边缘进行微调。可以添加、删除或移动节点，以使拼接的边缘线条相互匹配和连接。

使用路径编辑工具中的路径调整功能，调整路径的曲线和形状，以确保拼接的边缘平滑和自然。

（四）检查和修正

完成裁片的拼接后，使用放大工具检查拼接处的细节，确保拼接的边缘线条无缝衔接，且没有明显的间隙或重叠。

如有需要，使用路径编辑工具进行微调和修正，直到拼接处的边缘完美无瑕。

通过仔细地进行路径编辑和对齐工具的运用，可以实现裁片的准确拼接。重要的是保持耐心和精确度，以确保拼接后的裁片符合板型要求，并能够顺利进行后续的缝制和制作工序。

五、标记和记录

在排版和拼接过程中，及时进行标记和记录。使用文字工具添加标记，如裁片编号、缝线位置等，以便后续的缝制工序。此外，还可以使用图层面板将不同裁片分组或分配不同的颜色标识，以便更好地管理和识别（图4-6）。

（一）准备标记和记录

使用文本工具在板型上添加裁片编号、缝线位置、重要备注等标记。确保标记清晰可读，并与板型整体风格一致。

使用文本工具调整文本的大小和字体，以适应裁片的大小和排版的要求。

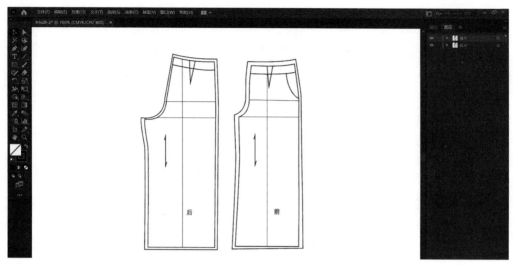

图 4-6　裁片标记

（二）使用图层进行分组和标识

使用图层面板创建新的图层，并将不同的裁片对象分配到各自的图层上。这样可以方便地控制和管理不同的裁片。

在图层面板中，为每个图层分配不同的颜色或图标，以标识和区分不同的裁片。这样可以更快速地识别和定位特定的裁片。

（三）使用图层和标记进行组织和管理

在图层面板中调整图层的顺序，使其符合裁剪和拼接的顺序。例如，将需要先裁剪的裁片放在上层，后裁剪的裁片放在下层。

根据需要，可以将相关的裁片组合到一个文件夹或图层组中，以便更好地组织和管理裁片的结构和关系。

通过标记和记录的方式，可以更好地管理和控制板型的细节，确保裁片的准确性和一致性。这将为后续的缝制工序提供指导和便利，提高制作效率和质量。

六、保存和导出

在完成裁片排版和拼接后，保存设计文件。根据需要，可以导出排版后的裁片图案为图像文件，以便与制作人员或供应商共享（图 4-7）。

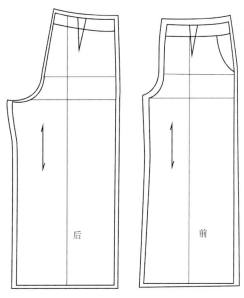

图 4-7　裁片保存和导出

（一）保存设计文件

在软件的菜单栏中，选择"文件"并单击"保存"按钮或使用快捷键【Ctrl】+【S】保存文件。

选择保存的位置和文件名，并单击"保存"按钮。确保选择一个易于识别和存储的文件名和位置。

（二）导出裁片图案

在软件的菜单栏中，选择"文件"并单击"导出"按钮或使用快捷键【Ctrl】+【Shift】+【S】导出文件。

在导出对话框中，选择所需的导出格式，如 JPEG、TIFF 或 PDF 等。选择格式时，请确保它适合的目的和使用情况。

设置导出选项，如分辨率、颜色模式和文件大小等。这些选项可以根据具体需求进行调整。

选择导出的位置和文件名，并单击"导出"或"保存"按钮。确保选择一个易于识别和使用的位置和文件名。

（三）选择适当的导出设置

如果希望保留裁片的矢量信息，可以选择导出为矢量文件格式，如 SVG 或 EPS。这样可以确保裁片在后续的制作和调整过程中保持清晰和可编辑。

如果需要将裁片与制作人员或供应商共享，并且需要一个通用的图像格式，可以选择导出为常见的图像格式，如 JPEG 或 PNG。确保选择适当的分辨率和图像质量，以便在打印或显示时获得清晰的结果。

（四）保存导出文件的备份

在完成导出后，建议创建一个备份文件夹，并将导出的文件复制到该文件夹中。这样可以确保原始设计文件和导出文件的安全性和可访问性。

命名和组织导出文件，以便于识别和管理。可以根据不同的设计、款式或版本进行命名和分类。

通过保存设计文件和导出裁片图案，可以保留原始的数字板型，并与制作人员或供应商共享所需的图像文件。这样可以确保设计的连续性和一致性，以便后续的制作和生产过程中能够准确地制作和操作。同时，备份文件也是保护设计数据的重要手段，以防止意外的数据丢失或错误操作。

第四节　CorelDRAW/Illustrator 中的图案平铺和对称

在服装设计的数字化制板过程中，图案平铺和对称是常用的技术，可以使图案在板型上均匀重复和对称排列。CorelDRAW 和 Illustrator 提供了一些工具和功能，可以帮助实现图案的平铺和对称效果。

一、图案平铺

（一）创建图案对象

绘制或导入想要平铺的图案，并将其转换为一个独立的图案对象。

1. CorelDRAW

①打开 CorelDRAW 软件，并创建一个新的画板。

②使用绘图工具（如形状工具、画笔工具等），绘制想要平铺的图案。可以使用基本

形状、自由绘制或导入自定义图像作为图案。

③选中绘制的图案对象。

④在顶部菜单栏中，选择"效果"—"变换"—"创建图案"。

⑤在弹出的对话框中，可以调整图案的名称、类型、大小、缩放、间距等设置。预览窗格中会显示图案的效果。

⑥单击"确定"按钮，将图案对象转换为独立的图案。

2. Illustrator

①打开 Illustrator 软件，然后创建一个新的文档。

②使用绘图工具（如形状工具、画笔工具等），绘制想要平铺的图案。可以使用基本形状、自由绘制或导入自定义图像作为图案。

③选中绘制的图案对象。

④在顶部菜单栏中，选择"对象"—"图案"—"制作"。

⑤在弹出的对话框中，可以调整图案的名称、类型、大小、缩放、间距等设置。预览窗格中会显示图案的效果。

⑥单击"确定"按钮，将图案对象转换为独立的图案。

（二）打开平铺工具

在 CorelDRAW 中，选择"效果"—"平铺"—"平铺创建器"；在 Illustrator 中，选择"对象"—"平铺"—"制作"。

在 CorelDRAW 中，打开平铺工具的步骤如下：

①打开 CorelDRAW 软件，并打开包含图案对象的文档。

②选中想要进行平铺的图案对象。

③在顶部菜单栏中，选择"效果"—"平铺"—"平铺创建器"。

④弹出一个新的窗口，显示平铺创建器工具。

⑤在平铺创建器窗口中，可以调整图案的平铺类型、尺寸、角度、填充方式等设置。预览窗格中会显示平铺的效果。

⑥根据的设计需求，调整平铺设置，直到达到所需的效果。

⑦单击"确定"按钮，应用平铺设置到图案对象中。

在 Illustrator 中，打开平铺工具的步骤如下：

①打开 Illustrator 软件，并打开包含图案对象的文档。

②选中想要进行平铺的图案对象。

③在顶部菜单栏中，选择"对象"—"平铺"—"制作"。

④弹出一个新的窗口，显示平铺工具。

⑤在平铺工具窗口中，可以调整图案的平铺类型、尺寸、间距、角度等设置。预览窗格中会显示平铺的效果。

⑥根据设计需求，调整平铺设置，直到达到所需的效果。

⑦单击"确定"按钮，应用平铺设置到图案对象中。

（三）设置平铺选项

在 CorelDRAW 和 Illustrator 中，设置平铺选项可以根据设计需求调整平铺的类型、重复方式和边缘处理等，以创建不同的图案平铺和对称效果。

1. 平铺类型

方形平铺：图案以方形网格的形式平铺，每个图案都保持相同的大小和间距。

六边形平铺：图案以六边形的形式平铺，适用于六边形图案或蜂窝状图案。

拖动平铺：图案以矩形砖块的形式平铺，可以选择按行或按列进行平铺。

圆形平铺：图案以圆形的形式平铺，适用于圆形或弧形图案。

2. 重复方式

单一重复：图案只在一个方向上重复。

双向重复：图案在两个方向上交替重复。

镜像重复：图案在两个方向上交替镜像重复。

3. 边缘处理

剪裁：图案会被剪裁到指定的边界范围内。

扩展：图案会延伸到指定的边界范围外，填满整个平铺区域。

4. 其他选项

平铺尺寸和间距：可以调整平铺图案的尺寸和间距，以控制平铺的密集程度。

角度和旋转：可以调整图案的角度和旋转，以创建不同的平铺效果。

（四）预览和调整

在 CorelDRAW 和 Illustrator 的平铺工具界面中，可以预览图案的平铺效果，并进行必要的调整，以达到理想的效果。

1. 预览平铺效果

平铺工具界面会显示实时预览效果，以便可以立即看到应用平铺选项后的图案效果。这样可以帮助更好地理解和调整平铺效果，确保符合设计意图。

2. 调整平铺大小和间距

平铺大小：可以通过调整平铺选项中的尺寸参数来改变平铺的大小。根据需要，增大或减小平铺的尺寸，以获得适合设计的平铺效果。

间距：可以调整平铺选项中的间距参数，控制图案之间的间隔大小。增加间距可以使图案分散开，而减小间距可以使图案更密集。

3. 缩放图案

平铺工具界面中通常会提供缩放选项，允许调整图案的缩放比例。通过增大或减小图案的缩放比例，可以控制图案在平铺中的大小和比例。

4. 预设和自定义设置

平铺工具界面中通常会提供一些预设选项，以便快速应用常见的平铺效果。还可以根据需要自定义和保存自己的平铺设置，以便在将来的设计中重复使用。

（五）应用平铺

确认平铺设置后，单击"应用"或"确定"按钮，将平铺效果应用到图案对象上。

1. CorelDRAW 中的应用

①在平铺工具界面上，确认所做的平铺设置和调整。

②单击工具界面上的"应用"按钮，将平铺效果应用到图案对象上。

③关闭平铺工具界面，将看到图案对象已经应用了所设置的平铺效果。

2. Illustrator 中的应用

①在平铺工具界面上，确认所做的平铺设置和调整。

②单击工具界面上的"确定"按钮，将平铺效果应用到图案对象上。

③平铺工具界面会关闭，并且图案对象已经应用了所设置的平铺效果（图 4-8）。

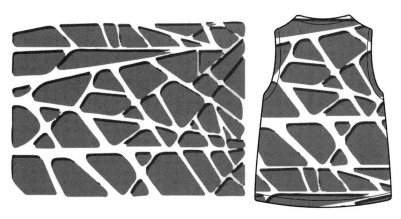

图 4-8　图案平铺和应用

二、图案对称

（一）创建图案对象

绘制或导入想要对称的图案，并将其转换为一个独立的图案对象。

1. 绘制或导入图案

使用绘图工具在画布上绘制想要的图案，或者导入已有的图像作为图案基础。确保图案的大小和比例适合的设计需求。

2. 将图案转换为图案对象

使用选择工具选中绘制的图案或导入的图像。

在 CorelDRAW 中，选择"对象"—"图案"—"创建"。

在 Illustrator 中，选择"对象"—"图案"—"制作"。

3. 调整图案设置

在图案设置面板中，可以调整图案的平移、旋转、缩放和倾斜等参数，以实现对称效果。

根据设计需求，选择合适的对称方式，如水平对称、垂直对称、角度对称等。

在图案设置面板中，可以预览对称效果，并根据需要进行进一步的调整。

调整图案的位置、大小和角度，以获得理想的对称效果。

4. 应用图案对称

确认对称设置后，单击 CorelDRAW 中的"应用"按钮或 Illustrator 中的"确定"按钮，将对称效果应用到图案对象上。

关闭图案设置面板，将看到图案对象已经应用了所设置的对称效果。

图案对称的应用为服装设计提供了更多的可能性，使得服装更加丰富多样。

（二）打开变换工具

在 CorelDRAW 中，选择"效果"—"变换"—"对称"；在 Illustrator 中，选择"对象"—"变换"—"对称"。

1. 在 CorelDRAW 中

①选择要对称的图案对象。

②在顶部菜单栏中，选择"效果"—"变换"—"对称"。

③弹出对称设置对话框，可以选择水平对称、垂直对称或轴对称的对称方式。

④调整对称轴的位置和角度，以实现理想的对称效果。

⑤预览对称效果，并根据需要进行微调。

⑥确认设置后，单击"应用"或"确定"按钮，将对称效果应用到图案对象上。

2. 在 Illustrator 中

①选择要对称的图案对象。

②在顶部菜单栏中，选择"对象"—"变换"—"对称"。

③弹出对称设置对话框，可以选择水平对称、垂直对称或自定义轴的对称方式。

④调整对称轴的位置和角度，以实现理想的对称效果。

⑤预览对称效果，并根据需要进行微调。

⑥确认设置后，单击"应用"或"确定"按钮，将对称效果应用到图案对象上。

（三）设置对称选项

根据设计需求，调整对称选项，如对称轴、角度、数量等。

1. 对称轴设置

水平轴：将图案以水平线为对称轴进行镜像对称。

垂直轴：将图案以垂直线为对称轴进行镜像对称。

自定义轴：通过绘制一条自定义线条来指定对称轴的位置和方向。

2. 角度设置

角度旋转：调整对称轴的角度，以实现倾斜或旋转的对称效果。可以输入具体的角度值或通过拖动鼠标调整旋转角度。

3. 数量设置

单个对称：创建一个对称副本。

多个重复：创建多个对称副本，可以指定副本的数量和间隔距离。

4. 额外设置

缩放：在对称过程中，可以选择调整图案的缩放比例，使对称副本更大或更小。

偏移：将对称副本相对于原始图案进行水平或垂直方向上的偏移。

旋转：对对称副本进行额外的旋转，以实现更复杂的对称效果。

（四）预览和调整

在 CorelDRAW 和 Illustrator 中，使用图案对称工具时，可以在变换工具的界面预览对称效果，并根据需要进行调整。

1. 预览选项

即时预览：变换工具界面会实时显示对称效果，立即看到所做的调整。

切换视图：可以选择查看完整的图案对称效果，或仅查看对称轴的一侧。

2. 对称位置调整

拖动对称轴：通过鼠标拖动对称轴线，调整对称的位置和方向。实时预览会显示出相应的对称效果。

输入数值：在变换工具界面上，可以输入具体的数值来精确地调整对称轴的位置和角度。

3. 对称角度调整

拖动旋转手柄：在变换工具界面上，可以通过拖动旋转手柄来调整对称轴的角度。实时预览会显示出相应的旋转效果。

输入数值：如果需要精确的角度调整，可以在变换工具界面输入具体的数值。

4. 对称数量调整

输入数值：在变换工具界面上，可以输入具体的数值来调整对称副本的数量。

拖动间距控制：有些情况下，可能需要调整对称副本之间的距离。通过拖动间距控制，可以自由地调整副本之间的距离。

（五）应用对称

在 CorelDRAW 和 Illustrator 中，应用图案对称是一个简单而重要的步骤，能够为服装设计带来独特的视觉效果。

1. 确认对称设置

在变换工具的界面中，根据设计需求调整对称选项，如对称轴、角度和数量等。通过预览功能可以观察到对称效果的变化，并根据需要进行调整，确保对称设置与的设计意图相符。

2. 选择图案对象

使用选择工具在工作区中选择要应用对称的图案对象。确保已经将图案对象转换为独立的对象，以便能够对其进行变换操作。

3. 单击应用按钮

一旦确认了对称设置和图案对象的选择，单击工具界面中的"应用"或"确定"按钮，以将对称效果应用到图案对象上。

4. 观察对称效果

图案对象将根据设定的对称轴、角度和数量进行变换。可以在工作区中直接观察到图案对象的对称效果。如果需要进一步调整，可以返回变换工具的界面重新编辑对称设置。

5. 进行后续编辑和修改

应用了对称后，可以继续编辑和修改图案对象。可以使用其他工具和效果来改变图案的颜色、大小、位置等。对称效果将自动应用到编辑后的图案对象上。

6. 保存和导出

完成对称效果的应用和编辑后，确保保存的设计文件。根据需要，可以将图案导出为图像文件，以便与制作人员或供应商共享（图4-9）。

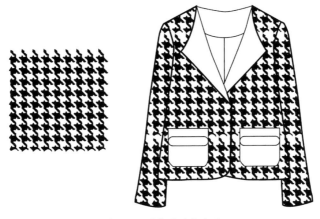

图4-9 图案对称和应用

 思考题

1. 什么是板型要素？列举并解释一些常见的板型要素，并说明它们在服装设计中的作用和规范。

2. CorelDRAW和Illustrator中的板型制作工具有哪些？请简要介绍每个工具的使用方法和常见应用场景。

3. 裁片排版和拼接是数字化制板过程中的重要步骤，可以提高制板效率和减少材料浪费。在CorelDRAW和Illustrator中，有哪些工具和技巧可用于裁片的排版和拼接？

4. 图案平铺和对称是在服装设计中常用的技术，可以实现图案的连续和对称效果。在CorelDRAW和Illustrator中，有哪些工具和功能可用于图案的平铺和对称处理？

5. 数字化制板中的板型设计和图案处理需要考虑哪些因素？请列举并解释其对制板结果的影响。

第五章　服装设计的数字化布局

第一节　服装图案数字化设计

服装设计中的图案可以通过不同的规律和重复元素来创造出独特的视觉效果和艺术感。

一、对称图案

对称图案以中心轴对称的方式进行重复，创造出平衡和谐的效果。对称图案常见的形式有镜像对称、旋转对称和轴对称等。

（一）镜像对称

镜像对称是最常见的对称图案形式，其中图案的一侧通过中心轴进行镜像复制，使两侧成为镜像反射。这种图案形式可以创造出一种直观的平衡感，使服装的外观更加稳定和协调。

（二）旋转对称

旋转对称是指通过围绕中心点旋转元素来创建对称图案。元素围绕中心点以相同的角度进行旋转，使图案在整个服装上呈现出相似的形态。这种图案形式可以创造出动态和活力的感觉，给服装增添视觉上的趣味。

（三）轴对称

轴对称是指通过沿着中心轴进行重复来创建对称图案，其中每个元素都相对于中心轴对称。这种图案形式可以使服装看起来更加对称和均衡，创造出经典和稳定的视觉效果。

在设计对称图案时，可以使用绘图软件（如 CorelDRAW 和 Illustrator）的对称工具来创建和编辑图案元素。通过合理选择和排列元素，并结合颜色、大小和纹理等因素，可以创造出各种各样的对称图案，以满足服装设计的需求和风格要求。

二、翻转图案

翻转图案通过沿水平、垂直或对角线翻转重复元素，创造出有趣和动态的效果。翻转图案可以使设计更具活力和多样性。

（一）水平翻转

水平翻转是指将图案元素沿水平轴进行镜像翻转，使原来的上下关系颠倒。这种图案形式常用于设计中，可以创造出对称的效果，并使服装设计更加平衡和稳定。

（二）垂直翻转

垂直翻转是指将图案元素沿垂直轴进行镜像翻转，使原来的左右关系颠倒。这种图案形式可以改变服装设计的视觉效果，创造出新颖和独特的外观。

（三）对角线翻转

对角线翻转是指将图案元素沿着对角线进行镜像翻转，使原来的位置和方向发生变化。这种图案形式可以创造出动态和有趣的效果，给服装设计增加一些活力和视觉上的变化。

通过使用绘图软件，设计师可以轻松地运用翻转图案于服装设计中。利用软件中的翻转工具，可以实现图案元素的翻转，并根据需要进行调整和编辑。设计师可以灵活运用翻转图案的不同形式和方向，结合颜色、大小和纹理等元素，创造出多样化和引人注目的服装设计。

三、平铺图案

平铺图案通过将图案元素无缝地平铺在平面上，形成连续重复的效果。平铺图案可以使用相同的元素或多个变体，创造出有趣的纹理和装饰效果。

（一）简单平铺

简单平铺是指将相同的图案元素按照规则的方式重复排列，形成平铺效果。这种形式的平铺图案可以创建出规则的几何图案，如方格、三角形或六边形等。

（二）随机平铺

随机平铺是指将多个不同的图案元素随机地重复排列，形成无规律的平铺效果。这种形式的平铺图案可以创造出有趣和独特的装饰效果，增加服装设计的视觉吸引力。

（三）变体平铺

变体平铺是指使用多个变体的图案元素进行平铺，创造出更加复杂和多样化的效果。通过调整元素的颜色、大小、旋转和倾斜等属性，可以实现丰富多样的变体平铺图案。

通过使用绘图软件，设计师可以轻松地创建和编辑平铺图案。绘图软件提供了平铺工具和功能，可以帮助设计师实现图案元素的无缝平铺，并进行调整和修改。设计师可以根据需要选择合适的平铺方式，并结合颜色、纹理和图案元素的组合，创造出独特而吸引人的平铺图案，为服装设计增添美感和个性。

四、随机图案

随机图案没有明确的规律和重复序列，元素之间的位置和大小是随机的。这种图案形式常用于创造自然、有机和非规则的视觉效果。随机图案可以通过手绘、涂鸦或数字生成等方式实现。

（一）手绘和涂鸦

设计师可以使用自由手绘和涂鸦的方式创造随机图案。通过手工的方式，设计师可以表达个人的创意和想法，创造出独特的手绘图案。这种方法可以带来原始和有机的感觉，具有艺术性和独特性。

（二）数字生成

设计师可以使用计算机软件或图像处理工具来生成随机图案。这些工具通常具有随机化功能，可以生成不同的形状、颜色、纹理和排列方式。设计师可以通过调整参数和设置，控制生成图案的随机性程度和视觉效果。

（三）组合和重叠

设计师可以使用多个图案元素进行组合和重叠，创造出随机图案的效果。通过调整元素的位置、大小、旋转和颜色等属性，设计师可以实现丰富多样的组合和重叠效果，创造出视觉上有趣和复杂的随机图案。

随机图案在服装设计中可以用于面料的纹理、印花和绣花等方面，为服装增添独特的视觉效果。它们可以创造出有趣和活泼的氛围，使服装在视觉上更具吸引力和个性化。设计师可以根据品牌定位、设计理念和目标受众的需求，选择适合的随机图案来增强服装的独特性和创意性。

五、几何图案

几何图案以几何形状和线条为基础，通过重复和变化来创造出具有几何美感的效果。几何图案可以是简单的形状如线条、方块和圆形的重复，也可以是更复杂的几何元素的组合。

（一）网格图案

网格图案由平行线交叉形成，可以是正方形、矩形或菱形网格。网格图案常用于运动服装、休闲装和现代风格的设计中，给人一种整齐和结构化的感觉。

（二）方格图案

方格图案由等距的正方形或矩形组成，可以是等大的方格或不等大小的方格。方格图案常用于衬衫、连衣裙和西装等服装设计中，给人一种经典和正式的感觉。

（三）几何图形图案

几何图形图案由各种几何形状（如三角形、菱形、多边形等）组成，可以是重复的、旋转的、堆叠的或变形的等形式。几何图形图案常用于潮流时尚和现代风格的服装设计中，给人一种前卫和时尚的感觉。

（四）斜纹图案

斜纹图案由平行的斜线组成，可以是等距的斜纹、倾斜的斜纹或交叉的斜纹。斜纹图案常用于衬衫、裙子、裤子和外套等服装设计中，给人一种动态和流畅的感觉。

几何图案可以通过手工绘制、计算机软件和图案生成工具来创建。设计师可以根据品牌定位、设计主题和目标受众的需求，选择适合的几何图案，并调整图案的大小、颜色、重复方式和排列方式，以实现独特和吸引人的效果。几何图案的使用可以使服装设计更具现代感、艺术感和个性化，为服装增添视觉上的活力和吸引力。

六、花纹图案

花纹图案以植物或其他自然元素为基础，通过重复和变化来创造出生动而具有艺术感的效果。花纹图案常用于时尚和装饰性设计，可以通过手绘、织物印花或数字生成等方式实现。

（一）花朵图案

花朵图案以各种花卉为主题，如玫瑰、郁金香、牡丹等。花朵图案常用于女装设计，给人一种优雅、浪漫和女性化的感觉。

（二）叶子图案

叶子图案以各种叶子形状和植物纹理为主题，如棕榈叶、蕨类植物叶子等。叶子图案常用于休闲装和户外服装设计，给人一种自然、清新和活力的感觉。

（三）果实图案

果实图案以各种水果为主题，如樱桃、草莓、柠檬等。果实图案常用于夏季服装和休闲装设计，给人一种活泼、可爱和时尚的感觉。

（四）印花图案

印花图案可以是任何形状和元素的组合，如几何图案、动物图案、抽象图案等。印花图案常用于时尚潮流和个性化设计，给人一种独特、艺术和时尚的感觉。

花纹图案可以通过手工绘制、织物印花技术或计算机软件来创建。设计师可以根据设计主题、季节特点和目标受众的需求，选择适合的花纹图案，并调整图案的大小、颜色、重复方式和排列方式，以实现独特的吸引人的效果。花纹图案的使用可以使服装更具艺术感、时尚感和个性化，为服装增添魅力。

七、文字图案

文字图案以字母、单词或句子作为元素进行重复和组合，创造出具有视觉冲击力和表达力的效果。文字图案可以是艺术性的装饰，也可以是传达特定信息和品牌标识的工具。

（一）字母图案

字母图案是将单个字母进行重复、旋转、缩放和排列，形成艺术性的图案效果。字母图案可以是单一字母的重复，也可以是多个字母的组合，通过调整字母间的距离和角度，创造出各种独特的形状和图案。

（二）单词图案

单词图案是将具有特定含义的单词进行重复和排列，形成装饰性的图案效果。单词图案可以是品牌名称、标语、口号或其他富有表达力的词语，通过不同的字体、大小和颜色的组合，创造出引人注目的设计效果。

（三）句子图案

句子图案是将完整的句子或短语进行重复和排列，形成独特的装饰性效果。句子图案可以是鼓舞人心的名言、座右铭或具有特定主题的语句，通过创造性地排列和排版方式，营造出独特的视觉冲击力和个性化的风格。

文字图案可以通过手工绘制、计算机设计软件或印花技术来创建。设计师可以选择适当的字体、排列方式和颜色，以创造出符合设计主题和目标受众需求的文字图案。文字图案的使用可以表达品牌标识、传达信息、展示个性和引起观众的注意力。在服装设计中，文字图案可以作为装饰性元素、时尚标识或传达特定信息的工具，为服装设计增添独特的个性和风格。

在服装设计中，图案的选择和运用可以根据设计主题、风格和目标受众来确定。图案的规律和重复可以增加服装的视觉吸引力和个性化，同时也要考虑到整体平衡和协调性，以确保图案与服装设计的整体效果相符。

第二节　CorelDRAW/Illustrator 中的颜色调整和配色

在服装设计中，颜色调整和配色是非常重要的环节，可以影响服装的整体效果和视觉吸引力。CorelDRAW 和 Illustrator 是两个常用的数字化布局工具，下面介绍如何在这两款软件中进行颜色调整和配色。

一、CorelDRAW/Illustrator 中的颜色调整

（一）CorelDRAW 中的颜色调整

选择要调整颜色的对象，打开"对象"菜单，选择"调整"并选择"颜色"选项。在颜色调整对话框中，可以通过调整亮度、对比度、饱和度和色相等参数来改变颜色的外观（图 5-1）。

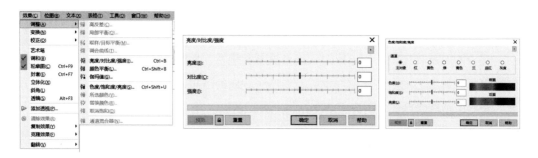

图 5-1　CorelDRAW 颜色调整

①选择要调整颜色的对象，可以使用选择工具在 CorelDRAW 中选中单个对象或多个对象。如果要调整整个图层或画布上的所有对象的颜色，可以选择相应的图层或使用全选功能。

②，打开"对象"菜单，可以在顶部菜单栏中找到该选项。单击"对象"菜单，然后选择"调整"子菜单，再选择"颜色"选项。这将打开颜色调整对话框，允许对选定对象的颜色进行调整。在颜色调整对话框中，将看到各种参数和控件，用于调整颜色的外观。以下是一些常见的调整选项：

亮度：通过调整亮度参数，可以提高或降低选定对象的亮度。增加亮度可以使颜色更明亮，而减少亮度可以使颜色更暗。

对比度：对比度参数允许调整选定对象的颜色对比度。增加对比度可以增强颜色之间的差异，而减少对比度可以使颜色更接近。

饱和度：饱和度参数用于调整选定对象的颜色饱和度。增加饱和度会使颜色更加鲜艳和饱满，而降低饱和度则会减少颜色的鲜艳程度。

色相：色相参数允许改变选定对象的颜色色相。通过旋转色相轮盘，可以在不同的颜色之间进行选择，实现颜色的转换。

在调整颜色时，可以通过拖动参数滑块或手动输入数值来精确控制颜色的调整。可以即时预览调整结果，并根据需要进行微调，直到达到理想的颜色外观。

③完成对颜色的调整后，单击对话框中的"确定"按钮，所选对象的颜色将按照的调整应用到相应的参数上。

通过 CorelDRAW 中的颜色调整功能，设计师可以灵活地调整选定对象的颜色，使其与整体设计风格和要求相匹配；可以根据具体的设计需求和创意要求，调整亮度、对比度、饱和度和色相等参数，为服装设计注入个性和魅力。

（二）Illustrator 中的颜色调整

选择要调整颜色的对象，打开"窗口"菜单，选择"属性"面板。在属性面板中，可以使用色彩面板来调整颜色的亮度、饱和度和色相等属性。另外，还可以使用调整颜色工具来对选定的颜色进行整体调整（图 5-2）。

图 5-2　Illustrator 颜色调整

①选择要调整颜色的对象。在 Illustrator 中，可以使用选择工具单击选定单个对象，或使用直接选择工具选择多个对象，还可以选择整个图层或使用全选功能来调整整个画布上的所有对象的颜色。

②打开"窗口"菜单，从下拉菜单中选择"属性"。从而打开属性面板，其中包含各种可用于调整颜色的选项。在属性面板中，可以找到色彩面板，它是调整颜色属性的关键工具。色彩面板提供了对亮度、饱和度、色相和透明度等颜色属性进行调整的选项。

亮度：通过拖动亮度滑块或手动输入数值调整选定对象的亮度水平。增加亮度可以使颜色更明亮，而减少亮度可以使颜色更暗。

饱和度：通过拖动饱和度滑块或手动输入数值，调整选定对象的颜色饱和度。增加饱和度会使颜色更鲜艳，而减少饱和度会使颜色变得更柔和。

色相：通过拖动色相滑块或手动输入数值，调整选定对象的颜色色相。通过调整色相，可以改变选定颜色的整体色调。

透明度：通过拖动透明度滑块或手动输入数值，调整选定对象的不透明度。增加透明度可以使对象变得更透明，而减少透明度会使对象更加不透明。

此外，Illustrator 还提供了一个名为"调整颜色工具"的功能，它可以对选定的颜色进行整体调整。可以使用调整颜色工具来更改选定对象的颜色方案，调整颜色的明暗、饱和度和色相，或者将整个颜色方案映射到其他颜色组。

③根据设计需求和创意要求，通过色彩面板和调整颜色工具进行细致的调整和探索。在完成颜色调整后，可以关闭属性面板，欣赏应用于选定对象的新颜色外观。

通过 Illustrator 中的颜色调整功能，设计师可以灵活地调整选定对象的颜色，实现与整体设计风格和要求的协调。可以根据具体的设计需求和创意要求，调整亮度、饱和度、色相和透明度等参数，为服装设计提供独特而吸引人的色彩方案。可以通过增加亮度和饱和度来营造明亮和活力的氛围，或通过降低亮度和饱和度来创造柔和温暖的效果。色相的调整可以改变整体的色调，使其与品牌形象或季节风格相匹配。透明度的调整可以为设计增添层次感和深度。

除了调整基本的颜色属性，Illustrator 还提供了一些其他的高级功能，如调整整个颜色方案、映射特定颜色、创建渐变和使用全局颜色等。这些功能使设计师能够更精确地控制和调整颜色的细节，实现更丰富和多样化的色彩效果。

在进行颜色调整时，建议设计师在实际设计中进行实时预览。通过不断尝试不同的调整和组合，设计师可以发现最适合其设计目标和视觉效果的颜色方案。

总之，Illustrator 中的颜色调整工具为服装设计师提供了灵活和精确的方式以调整和探索颜色。通过调整亮度、饱和度、色相和透明度等参数，设计师可以创建独特、吸引人且与整体设计风格一致的配色方案。

二、CorelDRAW/Illustrator 中的配色

（一）CorelDRAW 中的配色

在 CorelDRAW 中，可以使用调色板工具来创建和管理配色方案。打开"视图"菜

单，选择"调色板"并选择"调色板管理器"。在调色板管理器中，可以创建新的调色板、导入现有的调色板，以及调整颜色的排列和组合。

1. 打开调色板管理器

在 CorelDRAW 的顶部菜单栏中，选择"视图"—"调色板"—"调色板管理器"，以打开调色板管理器窗口。

2. 创建新调色板

在调色板管理器窗口中，单击"新建调色板"按钮。给新调色板命名，并选择所需的颜色模型，如 RGB、CMYK 或 Pantone 等。

3. 添加颜色

选择创建的调色板，然后单击"添加颜色"按钮。在弹出的颜色选择器中，选择所需的颜色，并为其指定一个名称。重复此步骤以添加更多的颜色到调色板中。

4. 排列和组合颜色

在调色板管理器窗口中，可以拖动和重新排列调色板中的颜色，以便按照自己的喜好和需要进行组合和排列。

5. 导入和导出调色板

在调色板管理器窗口中，还可以导入和导出调色板，以便与其他设计师共享或在不同的项目中使用。

通过创建和管理调色板，设计师可以更方便地访问和使用所需的颜色，确保在设计中保持一致性和协调性。此外，CorelDRAW 还提供了一些其他的配色工具，如配色向导和颜色哈希表等，以帮助设计师更好地探索和选择配色方案。

CorelDRAW 中的配色工具和调色板管理器为设计师提供了便捷和灵活的方式来创建、组合和管理配色方案。通过调整和排列调色板中的颜色，设计师可以实现与设计理念和品牌形象相符的优美配色。

（二）Illustrator 中的配色

在 Illustrator 中，可以使用色彩指南工具帮助选择和管理配色方案。打开"窗口"菜单，选择"色彩指南"面板。在色彩指南面板中，可以选择不同的配色规则和色系，并实时预览不同颜色的组合效果（图 5–3）。

1. 打开色彩指南面板

在 Illustrator 的顶部菜单栏中，选择"窗口"—"色彩指南"，从而将打开色彩指南面板。

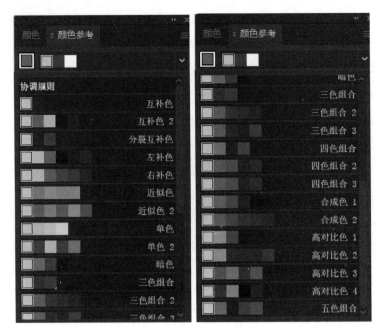

图 5-3　Illustrator 中的配色

2. 选择配色规则

在色彩指南面板中，可以从多个配色规则中选择，如类比配色、单色配色、三角配色等。每个配色规则都有不同的颜色组合方式和原理。

3. 预览颜色组合

选择所需的配色规则后，色彩指南面板将实时显示不同颜色之间的组合效果。可以通过滚动面板来浏览不同的颜色组合，同时可以调整颜色的明暗度和饱和度。

4. 选择颜色方案

在色彩指南面板中，可以单击某个颜色组合，然后单击面板右上角的"选中"按钮，将颜色方案应用到的设计中。这将使选择的颜色组合出现在调色板中，供在设计中使用。

5. 自定义和保存颜色

选择了颜色方案后，可以在调色板面板中自定义和调整各个颜色的属性，如亮度、对比度、色相等；还可以将自定义的颜色保存到调色板中，以便在其他项目中重复使用。

通过使用色彩指南工具，设计师可以快速选择和探索不同的配色方案，并直观地了解不同颜色之间的组合效果。这有助于设计师在制定配色方案时更加灵活和有创意，以创造出与设计理念和品牌形象相符的视觉效果。

Illustrator 中的色彩指南工具为设计师提供了一个方便和直观的方式来选择和管理配色方案。通过预览不同的颜色组合和灵活调整颜色属性，设计师可以轻松地创建出富有表现力和协调的配色方案。

三、CorelDRAW/Illustrator 中的颜色调整和配色注意事项

（一）色彩搭配的原则和理论

了解色彩对比、色彩搭配的互补或类似色彩等原则和理论，可以帮助设计师更好地选择和组合颜色。例如，使用互补色可以增加对比度和活力，而类似色则会创造出柔和和谐的效果。

1. 了解颜色搭配的基本概念

主色调：主要的、突出的颜色，通常用于突出设计的重点和焦点。

辅助色调：用于补充主色调的颜色，可以增加对比度和丰富度。

强调色：用于吸引注意力或制造视觉冲击的颜色，可以在设计中起到突出和引导的作用。

2. 考虑色彩对比

互补色：位于色相环上相对位置的颜色，如红色和绿色、蓝色和橙色。使用互补色可以增加对比度和活力，使设计更加鲜明和引人注目。

类似色：位于色相环上相邻位置的颜色，如橙色和黄色、绿色和蓝绿色。使用类似色可以创造出柔和和谐的效果，适用于需要传递柔和、温暖或平静感的设计。

3. 掌握色彩的明度和饱和度

明度：颜色的明亮或暗淡程度。通过调整颜色的明度可以改变设计的整体明暗效果。

饱和度：颜色的纯度和强度。增加饱和度可以使颜色更加鲜艳和明亮，降低饱和度则会产生柔和淡化的效果。

4. 注意色彩的情感和象征意义

每种颜色在不同文化和环境中可能具有不同的象征意义和情感联想。因此，在进行配色时要考虑到目标受众的文化背景和情感反应。

例如，红色在许多文化中被视为激情、力量和热情的象征，而蓝色通常与冷静、稳定和信任相关联。

了解色彩搭配的原则和理论，如色彩对比、互补色和类似色的运用，可以帮助设计师更好地选择和组合颜色。同时，还应考虑明度、饱和度以及色彩的情感和象征意义，以确保配色方案与设计目标和目标受众相符合。

（二）目标受众和设计风格的要求

考虑目标受众和设计风格的需求，选择适合的颜色调性和明度。不同的受众群体和

设计风格可能对颜色的偏好有所差异，因此需要根据具体情况进行选择。

1. 了解目标受众的喜好和偏好

不同年龄、性别、文化背景和地理位置的受众可能对颜色有不同的偏好，了解目标受众的特征和喜好可以帮助选择适合他们的颜色。

例如，年轻人可能更倾向于鲜艳和有活力的颜色，而成熟人群可能更喜欢稳重和柔和的色调。

2. 考虑设计风格的要求

不同的设计风格对颜色的需求也有所不同。例如，时尚和潮流设计通常偏向于鲜艳和大胆的色彩，而经典和高端设计可能更偏向于中性和柔和的色调。

考虑设计风格的特点和定位，选择与之相符合的颜色调性和明度。

3. 根据设计的情感表达和意图选择颜色

颜色可以传达情感和意象，对设计的表达起到重要作用。根据设计的主题和情感要求，选择适合的颜色可以增强设计的表现力。

例如，暖色调如红色和橙色可以传达活力和热情，而冷色调如蓝色和绿色则可以传达冷静和平和的感觉。

4. 进行颜色的实际测试和反馈

在选择颜色之后，进行实际的测试和评估，观察其在实际应用中的效果。可以通过打印样品、制作色板或进行用户调查等方式收集反馈。根据反馈结果，进行必要的调整和优化，以确保颜色选择与目标受众和设计风格的要求相符合。

了解目标受众的特征和偏好，选择与设计风格相匹配的颜色调性和明度，并根据设计的情感表达和意图选择适合的颜色，最终进行实际测试和反馈，以确保选择的颜色能够与目标受众和设计风格相契合，达到预期的效果。

（三）服装的用途和场合

考虑服装的用途和场合，选择符合情感表达和设计意图的颜色。例如，对于正式场合穿着的服装设计，可能更偏向于使用典雅和中性的颜色；而对于活泼和时尚的设计，可以尝试更明亮和鲜艳的颜色。

1. 考虑服装的用途和功能

不同类型的服装在用途和功能上有所差异，因此需要根据其用途来选择合适的颜色。例如，运动装可能需要使用鲜艳和有活力的颜色，以增强运动者的能量和活动性；而商务正装可能更适合使用中性和稳重的颜色，以展现专业和端庄的形象。

2. 根据场合和环境选择颜色

不同的场合和环境可能对颜色有特定的要求。例如，对于晚礼服设计，可以选择华丽和豪华的颜色，以适应正式和庄重的场合；而对于休闲服装设计，可以选择轻松和活泼的颜色，以适应轻松和愉快的环境。

3. 考虑设计的情感表达和意图

颜色可以传达情感和意象，对设计的表达起到重要作用。根据设计的主题和情感要求，选择适合的颜色可以增强设计的表现力。例如，明亮的颜色可以传达活力和积极的情绪，而柔和的颜色可以传达温暖和舒适的感觉。

4. 进行颜色的整体协调和平衡

在选择颜色时，需要考虑整体的配色方案，以确保颜色之间的协调和平衡。可以使用色轮工具或配色理论，如色彩对比、类似色彩或互补色彩等，来辅助选择合适的颜色组合。

根据服装的用途和功能，选择合适的颜色；根据场合和环境，选择适应的颜色；根据设计的情感表达和意图，选择符合要求的颜色；最后，进行整体的配色协调和平衡。通过综合考虑这些因素，可以选出适合服装用途和场合的理想颜色方案。

通过 CorelDRAW 和 Illustrator 中的颜色调整和配色功能，设计师可以根据具体需求精确地调整和控制颜色，创造出令人满意的配色方案。同时，要注意以上注意事项，以确保配色方案与目标受众和设计风格相符，为服装设计增添个性和吸引力。

第三节　CorelDRAW/Illustrator 中的图案设计和编辑

服装设计中，使用 CorelDRAW 和 Illustrator 这样的数字化设计工具可以进行图案设计和编辑。

一、创建新文档

打开 CorelDRAW 或 Illustrator，创建一个新的文档作为图案设计的工作区。设置文档的尺寸和分辨率，根据设计需求选择合适的设置。

在 CorelDRAW 中，选择"文件"菜单，然后选择"新建"（New）选项。这将打开一个对话框，可以在其中设置新文档的参数。可以指定文档的尺寸，包括宽度和高度，可以选择页面方向（纵向或横向），以及设置文档的分辨率。此外，还可以选择文档的颜色模式，如 RGB、CMYK。

在 Illustrator 中，选择"文件"菜单，然后选择"新建"选项。这将打开一个对话框，可以在其中设置新文档的参数。可以指定文档的尺寸，包括宽度和高度，可以选择页面方向（纵向或横向），以及设置文档的分辨率。同样，还可以选择文档的颜色模式，如 RGB、CMYK。

根据的设计需求，设置适当的文档参数。考虑图案的尺寸、打印要求和最终输出的媒介，选择合适的尺寸和分辨率。如果不确定要使用的参数，可以参考行业标准或与打印商或制造商进行沟通。

设置完成后，单击"确定"或"创建"按钮，新的文档将在工作区中打开，准备开始进行图案设计和编辑。

通过创建新的文档，可以为服装设计的图案设计和编辑提供一个清晰的工作空间，并确保设计师的设计与所选的尺寸和规范相匹配。这样，可以更好地控制和调整图案的元素，以满足设计师的创意和设计需求。

二、绘制基本形状

使用形状工具（如矩形工具、椭圆工具）在文档中绘制基本形状作为图案的基础。可以根据设计需求选择合适的形状和大小。

①选择所需的形状工具，如矩形工具、椭圆工具、多边形工具等。这些工具通常位于工具栏的形状工具组中。

②在工具栏中选择适当的形状工具后，单击并拖动鼠标在文档中绘制所选形状的基本轮廓。根据设计需求，可以调整形状的大小、比例和方向。在绘制过程中，按住【Shift】键可以保持形状的纵横比例，按住【Alt】键可以从形状的中心点开始绘制。

③通过选择其他形状工具，可以绘制不同的基本形状，如圆形、三角形、五边形等。选择合适的工具后，按住鼠标并拖动来绘制形状的基本轮廓。

④根据设计需求和图案的复杂程度，可以使用这些基本形状进行组合、变形和调整，以创造出更复杂和独特的图案。使用矩形工具可以创建长方形和正方形的形状，椭圆工具可以创建圆形和椭圆形的形状，而多边形工具可以创建具有多个边的形状。

通过绘制基本形状，可以为服装设计的图案提供一个起点，并在此基础上进行进一步的编辑和设计。根据设计需求和创意想法，可以使用其他工具和技术来添加细节、调整形状和创建复杂的图案效果。

三、编辑路径

使用直接选择工具或节点编辑工具，对绘制的路径进行调整和编辑。调整路径的位置、角度和曲率，使其符合设计要求。

①在 CorelDRAW 或 Illustrator 中，选择直接选择工具或节点编辑工具。这些工具通常位于工具栏的选择工具组中。

②使用直接选择工具，单击要编辑的路径上的点或线段，以选择它们。可以通过拖动选定的点或线段来调整路径的位置和形状。按住【Shift】键可以限制移动的方向，按住【Ctrl】键可以单独移动点。

③使用节点编辑工具，单击路径上的节点来选择它们。可以通过拖动节点来调整路径的形状和曲率。按住【Shift】键可以限制节点的移动方向，按住【Ctrl】键可以单独移动节点的控制柄，以调整曲线的形状。

④通过使用直接选择工具或节点编辑工具，对路径进行精确的调整和编辑，以使其符合设计要求。可以移动路径的整个部分或仅调整特定的点和曲线，以实现所需的形状和曲率。这样，可以对图案的细节进行微调，使其与设计概念完美匹配。

通过编辑路径，可以自由地调整和改变图案的形状和线条，以创造出各种独特和精细的效果。这个过程需要一定的耐心和精确性，能使设计师完全掌控图案的外观和细节。

四、添加颜色和纹理

使用填充工具和描边工具为图案的形状添加颜色、纹理和描边效果。选择适当的填充类型和颜色，调整填充的属性和外观，使其与设计概念相匹配。

①在 CorelDRAW 或 Illustrator 中，选择要添加颜色和纹理的图案形状。可以使用选择工具单击选中形状，或使用绘制工具创建新的形状。

②打开属性面板或颜色面板。在 CorelDRAW 中，可以通过单击顶部菜单栏中的"属性"按钮打开属性面板；在 Illustrator 中，可以通过单击窗口菜单中的"颜色"按钮打开颜色面板。

③选择填充工具，该工具通常位于工具栏中的填充和描边工具组中。单击填充颜色的选择框，选择所需的颜色。可以选择纯色、渐变或图案填充类型。

如果选择纯色填充，可以通过在属性或颜色面板中选择颜色，或使用色彩选择器自定义颜色。调整颜色的亮度、饱和度和透明度等属性，以获得所需的效果。

如果选择渐变填充，可以选择线性渐变或径向渐变，并设置起始和结束颜色、渐变方向和样式。通过调整渐变颜色和位置，可以创建出各种渐变效果，如水平、垂直、对角线等。

如果选择图案填充，可以选择现有的图案样本或导入自定义图案图像。调整图案的缩放、旋转和偏移，使其适应图案形状，还可以调整图案的颜色和透明度，以达到所需的效果。

④使用描边工具为图案形状添加描边效果。选择描边颜色和宽度，调整描边的样式和形状。可以选择实线、虚线、点线等不同的描边类型，以及调整其宽度和角度等属性。

通过添加颜色、纹理和描边效果，可以使图案形状更加丰富多彩，与设计概念相匹配。通过灵活运用不同的填充和描边选项，可以创造出各种独特和个性化的图案效果，为服装设计增添视觉吸引力。

五、复制和重复

使用复制和重复功能，在文档中复制和重复图案的元素，以创建连续的图案效果。可以根据需要进行调整和变化。

①选择要复制和重复的图案元素。使用选择工具单击选中元素，或使用绘制工具创建新的元素。

②使用复制工具或快捷键（【Ctrl】+【C】）复制选定的图案元素。然后，使用粘贴工具或快捷键（【Ctrl】+【V】）将复制的元素粘贴到所需的位置。

③调整复制的元素的位置、角度和大小，以创建所需的图案效果。使用选择工具或变换工具来移动、旋转和缩放元素。可以通过手动调整每个复制的元素，或者使用对齐工具来对齐元素的位置。

如果需要进行重复操作，可以使用复制和粘贴功能，重复粘贴复制的元素，直到形成所需的图案效果。可以使用快捷键（【Ctrl】+【D】）来快速重复上一次的复制操作。

在重复过程中，可以根据需要进行微调和变化。可以对复制的元素进行旋转、翻转或倾斜等操作，以创造出多样性和变化性。也可以通过手动调整每个复制的元素，或者使用对齐工具和变换工具来调整图案中的元素。

④根据需要进行进一步的编辑和修改。可以调整复制元素的颜色、填充和描边属性，以及应用其他效果和调整。也可以在复制和重复的基础上添加其他图案元素，以丰富和

定制图案的设计。

通过使用复制和重复功能，可以快速创建连续的图案效果，并根据需要进行调整和变化。这使得图案设计和编辑过程更加高效和灵活，为服装设计提供了更多的创意和可能性。

六、细节处理

对图案进行细节处理，如添加花纹、纹理、阴影或高光等。使用绘图工具和特效功能，增加图案的细腻和层次感。

①使用绘图工具（如画笔工具、铅笔工具）或形状工具（如矩形工具、椭圆工具）在图案中添加细节元素。根据设计需求，可以绘制花朵、叶子、纹理等细节，或者使用形状工具创建几何图案和装饰性图形。

②使用填充工具和描边工具为细节元素添加颜色、纹理和描边效果。选择适当的填充类型（如纯色、渐变或图案）和颜色，调整填充的属性和外观，使其与整体图案相协调。可以使用纹理填充、图案填充或者添加阴影和高光效果来增强细节的立体感和真实感。

③使用特效功能和滤镜效果来进一步处理图案的细节。在 CorelDRAW 中，可以使用"效果"菜单中的特效选项，如模糊、扭曲、渐变等效果。在 Illustrator 中，可以使用"效果"菜单中的滤镜选项，如浮雕、照明、渐变封装等效果。通过应用特效和滤镜，可以改变细节的外观和质感，创造出独特的效果。

④根据需要进行进一步的编辑和调整。可以使用绘图工具和变换工具对细节元素进行微调，调整其位置、大小和形状，也可以通过改变颜色、透明度和混合模式等属性，对细节进行调整和定制。此外，可以在图案中添加其他元素和效果，以丰富细节的表现和图案的整体效果。

通过对图案进行细节处理，可以增添其独特性和艺术感。细致处理图案中的花纹、纹理和装饰元素，使其更具吸引力和视觉效果。同时，灵活运用颜色、特效和调整工具，可以满足不同设计风格和创意需求，为服装设计带来更多的可能性和个性化。

七、图层管理

使用图层面板管理不同元素的层次结构，以便更好地控制和编辑图案。将相关元素分组或分配不同的图层，以便进行后续的编辑和调整。

①在图案设计中，创建和使用图层是非常重要的。图层面板可以帮助组织和管理图案中的各个元素，使其更易于编辑和调整。通过将相关元素放置在同一图层中，可以快速对其进行选择和控制，而无须影响其他元素。

②使用图层面板创建新的图层。可以通过单击图层面板中的"新建图层"按钮或使用快捷键来创建新的图层。为每个不同的元素组件分配一个图层，例如背景、主要图案、辅助图案等。可以根据需要重命名图层，并使用图标或颜色标识来区分它们。

③将元素移动到适当的图层。使用选择工具或直接选择工具选择要移动的元素，然后将其拖动到目标图层中。可以通过拖动元素在图层面板中的位置来改变它们的顺序，以确定它们在图案中的显示顺序。

④使用图层面板进行图层的可见性和锁定控制。通过单击图层面板旁边的眼睛图标，可以控制图层的可见性，使其在设计过程中的显示或隐藏。此外，可以使用锁定图标来锁定图层，以防止对其内容进行意外的编辑或移动。

通过合理的图层管理，可以更好地组织和控制图案中的元素。通过将相关元素放置在同一图层中，可以轻松对其进行选择、编辑和调整，而不会干扰其他元素。同时，使用图层面板的可见性和锁定功能，可以方便地控制元素的显示和保护，确保设计的准确性和完整性。

八、导出和保存

完成图案设计后，保存的设计文件。根据需要，可以导出图案为图像文件，以便与制作人员或供应商共享。

①在完成图案设计后，及时保存设计文件。单击软件菜单栏中的"文件"选项，然后选择"保存"或使用相应的快捷键，将设计文件保存到选择的目录中。建议为文件选择有意义的命名，以便日后识别和管理。

②根据需要，可以选择将图案导出为图像文件。导出图案可以用于与制作人员、供应商或客户共享，或用于打印和展示。在软件菜单栏中选择"文件"选项，然后选择"导出"或"另存为"选项。在导出或另存为对话框中，选择所需的文件格式（如 JPEG、PNG、PDF 等），并设置导出选项，如分辨率、压缩质量等。单击"导出"或"保存"按钮，将图案导出为图像文件。

③根据需要，可以选择将设计文件保存为可编辑的向量文件格式，如 AI（Adobe Illustrator）或 CDR（CorelDRAW）格式。这样可以保留图案的可编辑性，方便以后对图案进行修改和调整。在软件菜单栏中选择"文件"选项，然后选择"另存为"选项。在

另存为对话框中，选择所需的文件格式，然后单击"保存"按钮，将设计文件保存为向量文件。

④根据个人偏好和项目要求，可以选择将设计文件备份到云存储服务或外部存储设备中。这样可以确保设计文件的安全性，并方便在不同设备上访问和共享。

通过及时保存设计文件、导出图案为图像文件以及保存设计文件为可编辑的向量文件，可以保护和分享的创作，并确保设计的可持续性和可访问性。同时，适当的备份和存储方式可以防止意外数据丢失，保护设计师的设计作品。

第四节　CorelDRAW/Illustrator 中的字体选择和排版

在服装设计中，字体选择和排版是至关重要的，其可以增强设计的整体效果和视觉吸引力。CorelDRAW 和 Illustrator 作为专业的图形设计软件，提供了丰富的字体工具和排版功能，以下是在这两款软件中进行字体选择和排版的一般步骤。

一、CorelDRAW/Illustrator 中的字体选择

（一）了解设计的风格和目标受众非常重要

不同的设计风格和受众群体对字体的需求有所不同。例如，对于时尚品牌，可能更倾向于选择现代、独特的字体，而对于传统品牌，则可能更喜欢经典、优雅的字体。了解目标受众的喜好和品牌形象，有助于指导字体选择的方向。

①了解设计的风格。设计风格是指设计所传达的整体感觉和表达方式，可以是时尚、传统、复古、现代等。针对不同的设计风格，需要选择与之相匹配的字体。例如，对于时尚品牌，可以选择具有创新和独特性的字体，以突出品牌的时尚感和前卫形象。而对于传统品牌，可以选择经典和优雅的字体，以展现品牌的稳重和传统价值。

②了解目标受众的喜好。不同的受众群体对字体的喜好也有所不同。例如，年轻人可能更喜欢活泼、有趣的字体，而成年人则可能更喜欢简洁、正统的字体。了解目标受众的喜好可以帮助设计师选择适合他们口味的字体，从而更好地与目标受众建立联系并传达设计的目的。

③还需要考虑品牌形象和设计的目的。不同的品牌形象对字体的选择有特定的要求。一些品牌可能希望展现时尚和创新的形象，因此需要选择现代和独特的字体；而有的品牌可能强调传统和优雅，因此需要选择经典和精致的字体。同时，设计的目的也需要考虑。是要突出品牌标识，还是强调产品特点？根据设计的目的选择适合的字体可以增强设计的表现力和有效传达设计意图。

（二）打开字体面板

在CorelDRAW中，可以从顶部菜单栏选择"字体"选项来打开字体面板。在Illustrator中，可以使用快捷键或从窗口菜单中选择"字体"来打开字体面板。

在Illustrator中，也有几种方法可以打开字体面板。一种方式是使用快捷键，可以按快捷键【Ctrl】+【T】来打开字体面板。另一种方式是通过窗口菜单，可以单击顶部菜单栏的"窗口"选项，然后选择"字体"来打开字体面板。在打开的字体面板中，可以查看和管理当前可用的字体列表。

通过打开字体面板，可以访问所有可用的字体并进行选择。字体面板通常以列表或网格形式展示字体，可以滚动浏览或使用搜索功能来查找特定字体。面板中可能还包含其他选项，如字体样式（Regular、Bold、Italic等）和字体大小的调整工具，使可以对字体进行进一步的定制。

打开字体面板后，可以开始浏览和选择适合设计需求的字体。根据设计师的设计风格和目标受众的需求，可以通过预览和比较不同字体的外观、形状和风格，最终选择最适合的设计的字体。请记住，字体的选择对于设计的整体效果和表达非常重要，因此要仔细考虑并与其他设计元素相协调。

（三）在字体面板中浏览和搜索合适的字体

字体面板通常会显示可用的字体列表，并提供搜索功能。可以通过输入关键词、选择字体分类或按字母顺序浏览来缩小选择范围。有时，字体面板还会显示字体的预览效果，可以更直观地比较不同字体的外观和特点。

①可以通过输入关键词来搜索特定的字体。字体面板通常提供一个搜索框，可以在其中输入字体的名称、风格、特点或关键词，以便快速找到相应的字体。例如，如果正在寻找一种手写风格的字体，可以输入"handwritten"或"script"进行搜索。

②字体面板通常会以字体分类的形式组织字体列表。可以根据不同的字体分类浏览字体，例如无衬线字体、衬线字体、手写字体等。通过选择相应的分类，可以缩小显示的字体范围，从而更容易找到适合设计需求的字体。

③字体面板还常常提供按字母顺序浏览字体的选项。可以单击字母索引或滚动字母列表，以快速定位和浏览以该字母开头的字体。这对于在大量可用字体中找到特定字母开头的字体非常有帮助。

在浏览和搜索字体时，字体面板通常会提供字体的预览功能，以显示字体在不同大小和样式下的外观。通过预览，可以更直观地比较不同字体的差异，包括字母形状、字间距、字重等因素。这样，可以更准确地选择符合设计需求的字体。

在选择字体时，不仅要考虑字体的外观，还要考虑其与整体设计的协调性和可读性。可以将选定的字体应用到设计中，并观察其与其他元素的配合效果。根据需要，还可以调整字体的大小、间距和样式，以获得最佳的视觉效果。

通过在字体面板中浏览和搜索合适的字体，可以有针对性地选择与设计风格和目标受众相匹配的字体。这有助于确保设计师的设计在视觉上与品牌形象和受众期望保持一致。

（四）预览和比较不同字体

选择一种字体后，可以在字体面板中预览该字体在不同大小和排列方式下的效果。此外，还可以在设计文件中输入示例文本，以便更直观地比较不同字体在设计中的效果。注意观察字母的形状、字间距、字重等因素，确保所选字体与整体设计风格和品牌形象相协调。

①字体面板通常会提供一个预览区，显示所选字体在不同大小和样式下的外观。可以调整预览区域中的字体大小，以便更清楚地观察字母形状、字间距和字重等因素。尝试在不同大小的预览文本上应用所选字体，以获得更全面的视觉效果。

②可以在设计文件中创建一个示例文本区域，将不同字体应用于相同的文本内容，以便直接比较它们的外观。在示例文本中，可以包含不同字母、单词或句子，以覆盖不同字母形状和组合的情况。观察不同字体的差异，如字母的粗细、线条的流畅度、字间距的紧凑程度等。

③注意观察所选字体在不同排列方式下的效果。有些字体在大标题或标志中表现出色，而在小文本或长段落中可能不太适合。因此，尝试将所选字体应用于不同的排列方式，如标题、正文文本或标语，以评估其可读性和整体视觉效果。

在比较字体时，要注意字体的一致性和协调性。选择字体时，确保其与整体设计风格和品牌形象相符合。字体应该与其他设计元素相配合，营造出一致而专业的视觉效果。

④不仅要仔细观察字体的外观，还要考虑其可读性和应用的可行性。在选择字体时，要确保它能够传达设计的意图，并与目标受众的期望相一致。同时，注意字体的许可证，

确保可以合法地使用和共享所选。

⑤通过预览和比较不同字体的效果，可以更好地选择适合设计需求的字体，并确保它们与整体设计风格和品牌形象相协调。这有助于提升的设计作品的专业性和吸引力。

（五）注意字体的可读性和适用性

确保所选字体在不同大小和比例下都能清晰可读，并适应不同的排版需求。此外，还要注意版权问题，确保所选字体具有合法的使用授权。

①确保所选字体在不同大小和比例下都能清晰可读。考虑使用字体的主要用途和场合，选择适合的字体大小和比例。字体应具有良好的清晰度和辨识度，以确保文字内容能够被观众轻松阅读和理解。

②考虑字体在不同排版需求下的适应性。不同的设计元素和布局需要不同的字体风格和排版方式。确保所选字体在各种排列方式下都能自如地展现其特点和美感。字母形状、字间距和行间距等因素都需要仔细考虑，以确保整体排版的效果和平衡。

③确保所选字体符合版权要求。在使用字体时，要遵守版权规定，并确保所选字体具有合法的使用授权。如果使用的是商业字体，确保已购买合适的许可证，并遵守字体供应商的使用条款和条件。遵守版权法律是保护设计师和品牌形象的重要举措。

④测试和验证所选字体的可读性和适用性。在设计过程中，进行实际测试和验证，以确保所选字体能够达到预期的效果。进行打印或在不同的屏幕上观察所选字体的呈现效果，确保其清晰、易读，且与整体设计风格相协调。

⑤通过注意字体的可读性和适用性，可以选择合适的字体，确保文字内容能够清晰表达并与整体设计风格相协调。此外，遵守版权规定也是保护设计师和品牌声誉的重要步骤。

⑥通过仔细选择适合设计需求的字体，可以提升服装设计的整体质感和专业性。字体在设计中起到重要的视觉传达作用，能够帮助塑造品牌形象和传递设计理念。因此，选择合适的字体是实现优秀服装设计的重要一环。

二、CorelDRAW/Illustrator 中的字体排版

（一）创建文本对象

使用文本工具，如文本框工具，在文档中创建一个文本对象，确定文本的位置和大小。

①打开 CorelDRAW 或 Illustrator 软件，并创建一个新的文档作为工作区。在 CorelDRAW 中，可以通过选择"文件"菜单中的"新建"选项来创建新文档。在 Illustrator 中，可以选择"文件"菜单中的"新建"选项来创建新文档。

②从工具栏中选择文本工具，通常显示为一个"T"字形图标。单击该工具以激活文本工具。

③使用文本工具在文档中单击并拖动鼠标，创建一个文本框。通过调整鼠标拖动的距离和方向，确定文本框的位置和大小。可以根据需要调整文本框的宽度和高度，以适应要排版的文本内容。

（二）输入文本内容

在创建的文本框中，输入要排版的文本内容。可以逐字输入，也可以将整段文本粘贴到文本框中。根据需要，可以使用回车键进行换行，以调整文本在文本框中的布局。

1. 选择文本工具

从工具栏中选择文本工具，通常显示为一个"T"字形图标。单击该工具以激活文本工具。

2. 单击文本框

将鼠标光标移动到文本框内部，然后单击一次。这将激活文本框并使其可编辑。

3. 开始输入文本

使用键盘开始输入要排版的文本内容。逐字输入可以通过按相应的字母键来完成。如果要输入特殊字符或符号，可以使用相应的组合键或符号选择器来添加。

4. 换行调整

根据需要，可以使用回车键进行换行，以调整文本在文本框中的布局。按回车键将文本放置在下一行，并在需要时自动调整文本框的高度。重复此步骤以创建多个文本行。

5. 编辑文本内容

如果需要编辑已输入的文本内容，可以使用文本工具选中文本框中的文本，并使用键盘进行修改。还可以使用剪切、复制和粘贴命令来调整文本内容。

6. 文本框调整

如果文本框大小不符合文本内容或设计要求，可以使用选择工具来调整文本框的大小和形状。将鼠标光标放置在文本框的边缘或角落上，然后拖动鼠标以调整大小。还可以使用文本工具选中文本框，然后使用属性栏中的宽度和高度选项来精确设置文本框的尺寸。

7. 字数和字符计数

CorelDRAW 和 Illustrator 中提供了字数和字符计数的功能，以帮助了解已输入文本的长度。可以在状态栏或属性栏中找到相关信息。

在输入文本内容时，还需注意以下几点：第一，注意字体的可读性。选择易于阅读的字体，并确保文本设置为所选字体时清晰可辨。第二，文本大小和字距。根据设计要求和排版需要，调整文本的大小和字距。适当的字体大小和字距可以提高文本的可读性和视觉效果。第三，标点符号和间隔。在适当的位置使用标点符号，并确保间隔和行距使文本清晰易读。

通过以上步骤和注意事项，可以在 CorelDRAW 和 Illustrator 中输入文本内容，并根据设计需求进行适应的排版和调整。

（三）调整字体样式

选中文本对象后，通过字体面板或上方的属性栏调整字体的样式。可以选择字体、字号、字重、颜色等属性，以实现所需的排版效果。注意调整字体样式时要保持一致性和可读性。

1. 选中文本对象

使用选择工具或直接选择工具，在文档中单击选中要调整样式的文本对象。

2. 打开字体面板或属性栏

在 CorelDRAW 中，可以通过顶部菜单栏的"字体"选项或快捷键【Ctrl】+【Shift】+【F】打开字体面板。在 Illustrator 中，可以在顶部菜单栏的"窗口"菜单中选择"字体"以打开字体面板。另外，属性栏也提供了常见的字体样式调整选项。

3. 选择字体

在字体面板或属性栏中，浏览并选择适合的字体。可以根据设计需求，选择风格、特点和可读性良好的字体。通过单击字体名称或使用下拉菜单，选择所需的字体。

4. 调整字号

通过字体面板或属性栏的字号选项，调整文本的字号大小。可以手动输入字号值或使用增减按钮进行微调。要确保字号的选择适合文本的大小和可读性需求。

5. 调整字重

通过字体面板或属性栏的字重选项，调整文本的粗细程度。可以选择正常、粗体、斜体等字重样式，以满足设计的要求。

6. 改变字母间距和行高

在字体面板或属性栏中，可以调整字母间距（字符间距）和行高，以改善文本的可读性和整体排版效果。通过增加或减小字符间距和行高，使文本的字与字之间和行与行之间的间隔更合适。

7. 改变字体颜色

在字体面板或属性栏中，可以选择合适的颜色来改变文本的颜色。可以使用预设的颜色，也可以通过色彩选择器自定义颜色。确保所选颜色与整体设计风格和配色方案相协调。

通过以上步骤和注意事项，可以在 CorelDRAW 和 Illustrator 中进行字体样式的调整，以实现设计所需的排版效果。

（四）对齐文本

使用对齐工具，如对齐面板或快捷键，对文本进行对齐。可以选择左对齐、居中对齐、右对齐等方式，以使文本在页面上对齐和分布均匀。

1. 打开对齐面板或属性栏

在 CorelDRAW 中，可以通过顶部菜单栏的"对象"选项或快捷键【Ctrl】+【K】打开对齐面板。在 Illustrator 中，可以在顶部菜单栏的"窗口"菜单中选择"对齐"来打开对齐面板。

2. 选择对齐方式

在对齐面板或属性栏中，选择适合的对齐方式。常见的对齐方式包括左对齐、居中对齐、右对齐以及顶部对齐、居中对齐、底部对齐等。可以单击对应的对齐按钮或选择对齐选项来应用所选的对齐方式。

3. 调整间距和对齐方式

在对齐面板或属性栏中，可以进一步调整文本的间距和对齐方式。例如，可以通过调整字符间距或行间距来控制文本对象之间的距离和分布。另外，还可以选择是否对齐到页面边缘或其他对象，以实现更精确的对齐效果。

4. 对齐多个文本对象

如果需要对齐多个文本对象，可以同时选中它们，并使用相同的对齐方式进行对齐。对齐面板或属性栏中的选项会根据所选对象的数量和类型进行相应调整。

通过以上步骤，可以在 CorelDRAW 和 Illustrator 中对齐文本，使其在页面上对齐和分布均匀。对齐文本可以提升整体排版的美观度和可读性，确保文本在设计中的合适位置。

（五）调整间距和缩放

使用间距和缩放工具，如字符间距、行间距和缩放比例，调整字母之间和行与行之间的距离。根据设计需求和文本内容的长度，调整间距和缩放以达到更好的可读性和视觉平衡。

1. 字符间距调整

选中文本对象后，可以使用字符间距工具或属性栏中的字符间距选项来调整字母之间的距离。通过增加或减少字符间距，可以改变字母之间的间隔，以满足设计需求和视觉效果。较大的字符间距可增加可读性和清晰度，而较小的字符间距可提高文字的紧凑度和美观度。

2. 行间距调整

在文本对象中，可以使用行间距工具或属性栏中的行间距选项来调整行与行之间的距离。通过增大或减小行间距，可以改变行与行之间的垂直间隔。较大的行间距可以提高可读性和清晰度，使文本更易于阅读，而较小的行间距可以增加文本的紧凑感和美观度。

3. 缩放文本

在某些情况下，可能需要调整整个文本对象的大小。可以使用缩放工具或属性栏中的缩放选项来调整文本对象的整体大小。通过增大或减小文本对象的缩放比例，可以改变文本的大小，以适应设计的需要。

4. 视觉平衡和可读性考虑

在调整间距和缩放时，需要注意视觉平衡和可读性。确保字母之间的距离和行与行之间的距离能够保持整体的平衡和一致性。同时，要确保文本仍然保持良好的可读性，避免字符过于拥挤或过于分散。

通过调整字符间距、行间距和缩放比例，可以对文本进行微调，使其在排版中更加平衡和更具有吸引力。这些调整可以根据设计需求和文本内容的特点进行个性化的定制，以达到最佳的视觉效果和可读性。

（六）添加特效和装饰

根据设计需求，可以使用特效和装饰工具，如阴影、描边、下划线等，为文本添加额外的效果和装饰，以增强排版的视觉吸引力。

1. 常用的特效和装饰工具

（1）阴影效果

通过应用阴影效果，可以为文本创建立体感和深度。在软件中，可以选择文本对象并应用阴影效果，调整阴影的颜色、透明度、偏移和模糊度等参数，以获得所需的效果。

（2）描边效果

通过为文本添加描边，可以使文本更加醒目和突出。可以选择不同的描边样式、颜色和粗细，以适应不同的设计风格和需求。

（3）下划线和删除线

对于需要强调的文本，可以添加下划线或删除线来突出显示。可以选择不同的线条样式和颜色，并对其进行调整，以实现所需的效果。

（4）特殊效果和装饰

除了上述常见的效果外，还可以尝试其他特殊效果和装饰，如倾斜、扭曲、变形等。这些效果可以使文本更加个性化和独特，符合特定的设计主题和风格。

2. 注意事项

在应用特效和装饰时，需要注意以下几点：

（1）保持谨慎和适度

确保特效和装饰的使用不会过于夸张或干扰文本的可读性。特效和装饰应该是为了增强排版效果，而不是分散观众的注意力。

（2）与整体设计风格协调

特效和装饰应与整体设计风格和主题相协调。确保它们与服装设计的概念和品牌形象相一致，以确保视觉上的一致性。

（3）注意字体的可读性

特效和装饰不应妨碍文本的可读性。确保字体清晰可辨，避免装饰效果使文本变得难以阅读。

通过合理应用特效和装饰工具，可以为文本添加个性化和独特的效果，使其与整体设计风格相匹配，并吸引观众的眼球。这些工具可以为排版增添一些额外的细节和装饰，从而提升设计的视觉吸引力和表现力。

三、特殊效果和排版技巧

（一）特殊字体效果

通过应用特殊字体效果，如倾斜、下划线、阴影和描边等，可以突出重点或增加文本的视觉效果。这些效果可以通过字体面板或上方的属性栏来设置。根据设计需求，选择合适的效果并调整其参数，以达到所需的效果。

1. 倾斜

通过将字体倾斜，可以赋予文本动态和流畅的感觉。这种效果常用于强调特定单词或短语。在字体面板或属性栏中选择"倾斜"选项，并调整倾斜度以适应设计需求。

2. 下划线

下划线可以用于突出文本的重要性或标记特定信息。在字体面板或属性栏中选择"下划线"选项，并设置下划线的样式、粗细和颜色。

3. 阴影

通过为字体添加阴影效果，可以为文本增添立体感和深度。在字体面板或属性栏中选择"阴影"选项，并调整阴影的位置、模糊度、颜色和透明度。

4. 描边

通过为字体添加描边效果，可以使文本更加醒目和突出。在字体面板或属性栏中选择"描边"选项，并调整描边的宽度、颜色和透明度。

5. 重叠、错位和变形效果

尝试使用字母的重叠、错位或变形效果，以创造出独特的排版风格。这种效果可以通过字体工具和编辑工具进行手动调整，或者使用软件中提供的特殊效果功能实现。

根据设计风格和目标受众的需求，选择合适的效果并进行细致的调整，以确保字体效果与整体设计风格和品牌形象相协调。同时，注意不要过度使用特殊效果，以免影响文字的可读性和整体平衡。在设计过程中，不断进行实时预览和比较效果，以确保达到所选的特殊字体效果符合设计要求并提升整体的视觉效果。

（二）字母重叠、错位和变形

尝试将字母重叠、错位或变形，以创造出独特的排版效果。使用形状工具和路径编辑工具，可以调整字母的位置、角度和形状，从而创建出具有艺术感和创意性的排版效果。

1. 字母重叠

通过将字母部分或全部重叠，可以创造出独特的视觉效果。使用选择工具选择要重叠的字母，然后使用移动工具将它们移到所需的位置。调整字母的叠放顺序，以确保达到所需的重叠效果。还可以使用图层面板来管理和控制不同字母的层次结构。

2. 字母错位

通过对字母进行错位排列，可以创造出动态和不规则的排版效果。使用选择工具选择要错位的字母，然后使用移动工具或变换工具调整字母的位置和角度。根据需要进行微调，以达到所需的错位效果。还可以尝试在错位字母之间添加空白或间隔，以增加视觉对比度。

3. 字母变形

通过使用形状工具和路径编辑工具，可以将字母进行自定义变形，以创造出独特的形状和风格。使用形状工具，如铅笔工具或钢笔工具，绘制自定义形状或路径。然后使用选择工具选择字母，并将其与所绘制的形状或路径进行组合。使用路径编辑工具对字母进一步地调整和变形，如拉伸、弯曲或旋转。通过实验不同的变形方式和路径，可以创造出个性化的排版效果。

在使用字母重叠、错位和变形技巧时，需要保持良好的可读性和整体平衡。确保字母之间的重叠、错位和变形不影响文字的识别和理解。同时，注意保持设计的一致性和整体风格，确保字母的排列与设计概念和目标受众相协调。通过实时预览和比较不同效果，进行调整和微调，以获得最佳的字母重叠、错位和变形效果。

（三）沿着曲线或自定义路径排列文本

利用形状工具和路径编辑工具，将文本沿着曲线或自定义路径进行排列。这种技巧可以用来创建有趣的排版效果，如环形排列、弧形排列或沿着自定义形状进行排列。通过调整路径的形状和方向，可以实现多样化的排版效果。

1. 准备曲线或自定义路径

使用形状工具（如钢笔工具）绘制一条曲线或自定义路径。可以使用现有的形状工具，也可以自由绘制路径。确保路径的形状和方向与所需的排版效果相匹配。

2. 创建文本对象

选择文本工具，在文档中单击并拖动鼠标，创建一个文本框，并输入要排列的文本内容。确保文本框的大小和位置适合路径。

3. 文本沿路径排列

选择文本对象，然后将其拖放到曲线或自定义路径上。在 CorelDRAW 中，可以使用"文本到路径"工具将文本对象与路径关联。在 Illustrator 中，可以使用"排列到路径"选项来实现文本沿路径排列。文本会沿着路径自动排列，根据路径的形状和方向进行调整。

4. 调整文本效果

根据需要，可以进一步调整文本效果。可以调整文本的大小、字距和行距，以及文本的颜色和字体样式。还可以对文本进行旋转或倾斜，以获得更具创意和艺术性的排版效果。

5. 调整路径和文本

如果需要微调排版效果，可以编辑路径的形状和方向，或者编辑文本对象的位置和方向。使用路径编辑工具，可以调整路径的锚点和曲线，以实现更精确的排版效果。使用选择工具，可以移动和旋转文本对象，以获得所需的视觉效果。

在沿着曲线或自定义路径排列文本时，需要注意保持文本的可读性和整体平衡。确保文本不会过分变形或被路径遮挡，以保证读者能够准确阅读文本内容。通过实时预览和比较不同的路径和文本效果，进行调整和微调，以获得最佳的排版效果。

思考题

1. 在服装设计中，色彩和图案是重要的设计元素。请解释服装设计中的色彩和图案规律，并说明它们对设计的表达和效果的影响。

2. CorelDRAW 和 Illustrator 提供了丰富的颜色调整和配色工具，请介绍其中一些常用的工具和功能，以及它们在数字化布局中的应用。

3. 图案设计和编辑是数字化布局过程中的重要环节，在 CorelDRAW 和 Illustrator 中，有哪些工具和技巧可用于图案的设计和编辑？

4. 字体选择和排版对于设计作品的视觉效果和传达信息具有重要影响。在 CorelDRAW 和 Illustrator 中，有哪些字体选择的技巧和排版的功能可供设计师使用？

5. 在数字化布局的过程中，设计师还需要考虑其他因素。请列举一些在 CorelDRAW 和 Illustrator 中能够帮助设计师进行数字化布局的相关工具和功能，并解释它们的作用。

第六章　服装设计的数字化编辑

第一节　数字化编辑的基本原理和技巧

服装设计的数字化编辑是将传统的手工设计过程转移到计算机软件中进行操作和编辑的过程。

一、数字化编辑的基本原理

（一）数字化转换

将手绘的服装设计转换为数字格式，以便在计算机软件中进行编辑和处理。

1. 准备手绘设计

设计师根据自己的创意和想法，使用传统的手绘工具（如铅笔、纸张等）绘制服装设计的草图或线稿。手绘设计可以表达设计师的创意和概念，但在进行后续的编辑和处理之前，需要将其转换为数字格式。

2. 扫描或拍摄手绘设计

将手绘的服装设计使用扫描仪或相机进行扫描或拍摄，以获取数字图像。在扫描或拍摄过程中，需要注意获取清晰、高质量的图像，以便后续的数字化处理。

通过数字化转换，手绘的服装设计可以在计算机软件中进行更加精确和灵活的编辑和处理。设计师可以使用软件提供的各种工具和功能，调整设计的比例、大小、颜色等属性，实现更高质量和更具创意性的服装设计。数字化转换还便于设计师与团队成员、供应商和制作人员之间的协作和沟通，提高工作效率和准确性。

（二）图像处理

使用图像编辑软件对服装设计图进行裁剪、调整大小、修复缺陷等处理，以获得清晰和高质量的图像。

1. 导入图像到图像编辑软件

将扫描或拍摄的服装设计图导入图像编辑软件中，如 Adobe Photoshop、Corel PHOTO-PAINT 等。这些软件提供了丰富的图像处理工具和功能，使设计师能够对图像进行各种操作和调整。

2. 裁剪和调整大小

根据需要，设计师可以使用裁剪工具去除图像中不必要的部分，以便集中展示服装设计。同时，可以调整图像的大小和比例，以适应不同的应用需求，如打印、网站展示等。

3. 色彩和对比度调整

设计师可以使用色彩校正工具和对比度调整工具改善图像的色彩和亮度对比度。通过调整色调、饱和度和明暗度，可以使服装设计图呈现出更准确和吸引人的颜色效果。

4. 修复缺陷和清理噪点

对于图像中可能存在的缺陷和噪点，设计师可以使用修复工具和清理工具进行修复和清理。例如，可以修复图像中的撕裂或污渍，可以使用去噪工具消除图像中的噪点和杂色。

5. 保存和导出图像

在完成图像处理后，设计师应保存图像的原始版本，并选择适当的文件格式进行导出，以便后续使用或共享。通常使用无损压缩的文件格式，如 TIFF 或 PSD，以保留图像的最高质量。

通过图像处理，设计师可以提高服装设计图的清晰度、色彩准确性和视觉吸引力。图像处理使得服装设计图更适合在不同的媒介和平台上展示，如打印品、网站、社交媒体等。此外，设计师还可以利用图像处理工具和技术，对服装设计图进行创意性的处理和改进，以达到更好的视觉效果和表现力。

（三）矢量化

服装设计数字化编辑的基本原理之一是矢量化。通过将图像转换为矢量格式，设计师可以在矢量图形软件中进行精确的编辑、调整和缩放，而无须担心图像质量的损失。

1. 导入图像到矢量图形软件

将服装设计图导入矢量图形软件中，如 Illustrator、CorelDRAW 等。这些软件具有强大的矢量编辑功能，可以更精确地控制和调整图像。

2. 进行矢量化转换

通过选择矢量化工具或图像追踪功能，将图像转换为矢量格式。这个过程将图像中的像素信息转换为基于数学公式的路径和曲线，从而实现图像的无损缩放和编辑。

3. 编辑和调整矢量图像

一旦图像被转换为矢量格式，设计师可以对其进行精确的编辑和调整。可以选择、移动、缩放、旋转和变换图像的不同部分，以满足设计需求。

4. 添加和修改矢量对象

除了对整个图像进行编辑外，设计师还可以添加和修改矢量对象，如线条、形状和文本。设计师从而可以在服装设计图中绘制新的元素、创建图案、添加文字说明等。

5. 导出和保存矢量图像

在完成矢量编辑后，设计师应保存图像的原始矢量文件，并选择适当的文件格式进行导出。常见的矢量文件格式有 AI、EPS 和 PDF，这些格式可以保留图像的可编辑性和高质量输出。

通过矢量化转换，设计师可以获得高精度和可伸缩的服装设计图。与传统的位图图像相比，矢量图像具有无损放大和缩小的能力，因为它们是基于数学公式的路径和曲线。这使得矢量图像非常适合用于不同尺寸和媒介的应用，如印刷品、网站、标志等。同时，矢量图像的可编辑性也使得设计师能够随时调整和修改图像，以满足不同的设计需求。

二、数字化编辑的技巧

（一）使用专业软件

1. 选择合适的软件

考虑使用专业的图形设计软件，如 CorelDRAW 和 Illustrator。这些软件提供了丰富的工具和功能，被广泛应用于服装设计领域，具有强大的编辑功能和广泛的设计工具。

2. 熟悉软件界面

在开始使用专业软件之前，花时间熟悉软件界面和工具栏的布局。了解各个工具的功能和操作方式，这样可以更高效地进行编辑工作。

3. 学习基本操作

掌握软件的基本操作，如选择、移动、缩放、旋转、复制等。这些基本操作是进行编辑的基础，熟练掌握可以提高编辑效率。

4. 学习高级工具和功能

除了基本操作外，还应学习软件中的高级工具和功能，如路径编辑、图层管理、特效应用等。这些功能可以帮助设计师更精细地进行编辑和设计。

5. 持续学习和实践

数字化编辑是一个不断学习和实践的过程。利用在线教程、视频资源和社区讨论等资源，持续学习新的编辑技巧和技术。通过实践和实际项目，不断提升自己的编辑能力和技术水平。

使用专业软件可以提供更多的编辑选项和自定义功能，使能够更好地实现设计概念和创意。同时，这些软件也具有广泛的兼容性，可以与其他设计工具和文件格式进行无缝集成。通过熟练掌握专业软件的使用，设计师可以更加自由地进行数字化编辑，并为服装设计添加个性和创新。

（二）精确测量

使用软件提供的测量工具，准确测量设计元素的尺寸、比例和距离，确保设计的准确性和一致性。

1. 了解软件中的测量工具

不同的软件可能提供不同类型的测量工具，如直尺工具、测距工具、对角线工具等。熟悉这些工具的功能和使用方法是精确测量的基础。

2. 选择适当的测量工具

根据设计元素的特点和需要测量的尺寸，选择合适的测量工具。例如，使用直尺工具可以测量线段的长度，使用测距工具可以测量两个点之间的距离。

3. 放置测量工具并读取测量结果

在软件中放置测量工具，将其与需要测量的设计元素对齐，并读取测量结果。确保测量工具与设计元素之间没有遮挡或偏差，以获得准确的测量值。

4. 记录测量结果并进行比较

记录测量结果，可以使用软件中的注释功能或其他辅助工具。对于多个设计元素之间的尺寸比较，可以使用软件中的对齐工具和分布工具进行精确对比。

5. 校验和调整设计元素

根据测量结果，对设计元素进行校验和调整。如果测量结果与预期不符，可以使用软件中的变换工具、缩放工具或调整布局来进行修正，确保设计的准确性和一致性。

通过精确测量，可以确保设计元素在数字化编辑中的尺寸和比例准确无误。这对于制作精确的样板、进行尺码梳理、调整图案和布局等都非常重要。精确测量可以提高设计的质量和专业度，并确保最终产品符合预期的尺寸和比例要求。

（三）色彩调整

利用软件提供的色彩调整功能，可以对服装设计中的颜色进行饱和度、亮度和色相等属性的调整，以达到所需的色彩效果。

1. 了解软件中的色彩调整功能

不同的软件可能提供不同类型的色彩调整工具，如色彩平衡、色阶、曲线等。熟悉这些工具的功能和使用方法是进行色彩调整的基础。

2. 观察和分析设计中的色彩

在进行色彩调整之前，仔细观察设计中的色彩，分析所需的调整方向。是否需要增加颜色的饱和度？是否需要调整亮度或对比度？通过对设计的色彩进行分析，可以更好地指导后续的调整工作。

3. 选择适当的色彩调整工具

根据分析的结果，选择合适的色彩调整工具。例如，如果需要调整整体的色彩平衡，可以使用色彩平衡工具；如果需要对单个颜色通道进行调整，可以使用曲线工具。

4. 进行色彩调整并观察效果

使用选择的色彩调整工具，在设计中进行相应的调整。根据需要，调整饱和度、亮度、色相等属性，观察调整后的效果。通过不断尝试和观察，逐步调整色彩以达到所需的效果。

5. 校验和微调色彩

对调整后的色彩进行校验和微调。观察调整后的设计与原始设计之间的差异，根据需要进行微调，以确保色彩的准确性和一致性。

通过色彩调整，可以对服装设计中的颜色进行精确的调整和控制。这对于调整色彩风格、适应不同的目标受众和场合等都非常重要。色彩调整可以改变设计的整体氛围、增加视觉吸引力，并确保最终产品与预期的色彩效果相符。

（四）图案设计和编辑

利用软件的绘图工具和编辑功能，创作和编辑服装设计中的图案、纹理和装饰元素，使其更具创意和个性化。

1. 使用绘图工具创建基本图案元素

使用软件中提供的绘图工具，如矩形工具、椭圆工具、多边形工具等，创建基本的图案元素。根据设计需求，绘制各种形状和线条，作为图案的基础。

2. 利用编辑功能调整图案元素

使用软件的编辑功能，如变换工具、路径编辑工具等，对创建的图案元素进行调整和编辑。可以调整位置、大小、形状和曲线，以获得所需的图案效果。

3. 组合和复制图案元素

通过组合多个图案元素，可以创建更复杂的图案设计。使用组合工具或图层面板，将多个元素组合在一起，形成新的图案效果。还可以使用复制和重复功能，在设计中复制和重复图案元素，以创建连续的图案效果。

4. 添加纹理和装饰效果

利用软件提供的纹理和装饰工具，如填充工具、描边工具等，为图案元素添加纹理和装饰效果。可以选择合适的填充类型和颜色，调整填充的属性和外观，使图案元素更加丰富和有趣。

5. 预览和调整图案效果

在设计过程中，不断预览和调整图案效果，观察图案元素的整体布局、比例和颜色搭配，根据需要进行微调和修改，以达到最终期望的效果。

通过图案设计和编辑，可以为服装设计添加个性化和创意的元素，使其与众不同。这种技巧可以帮助设计师表达独特的设计理念，创造出引人注目和与众不同的服装设计。

（五）物体变换

使用软件提供的变换工具，如缩放、旋转和翻转等，对设计元素进行调整和变换，以适应不同的布局和排版需求。

1. 使用缩放工具调整元素的大小

使用软件中的缩放工具，可以按比例调整设计元素的大小。通过选择元素并拖动边缘或角点，可以增大或缩小元素的尺寸。保持按比例缩放可以确保元素的比例和外观不变形。

2. 使用旋转工具旋转元素的角度

使用软件的旋转工具，可以将设计元素以任意角度进行旋转。通过选择元素并拖动旋转手柄，可以将元素旋转到所需的角度。旋转可以使设计产生动态和有趣的效果。

3. 使用翻转工具翻转元素的方向

使用软件的翻转工具，可以将设计元素水平或垂直翻转。通过选择元素并拖动翻转手柄，可以将元素的方向翻转。翻转可以使设计产生对称或镜像的效果。

4. 使用扭曲工具对元素进行形状变换

一些软件提供了扭曲工具，可以对设计元素进行形状变换。通过选择元素并拖动扭曲控制点，可以改变元素的形状，如弯曲、拉伸和扭曲。这种技巧可以用来创建有机和流动的形态。

5. 通过预览和调整，达到所需的效果

在进行物体变换时，不断预览和调整效果。观察元素的布局、比例和方向，根据设计需求进行微调和修改，以获得最终期望的效果。

通过物体变换技巧，可以灵活地调整和变换设计元素，以满足不同的布局和排版需求。这种技巧使设计师能够探索不同的组合和布局方式，创造出独特和多样化的视觉效果。

通过数字化编辑，设计师可以更灵活、高效地进行服装设计的创作和编辑工作。数字化编辑提供了丰富的工具和功能，使设计过程更具创意性和精确性，并促进设计师与其他设计团队成员的协作和沟通。

第二节　CorelDRAW 和 Illustrator 中的服装设计编辑

一、基本操作和准备

①打开 CorelDRAW 或 Illustrator 软件，并创建一个新的文档作为工作区。在 CorelDRAW 中，可以选择文件菜单中的"新建"选项，并指定页面尺寸和颜色模式。在 Illustrator 中，可以选择文件菜单中的"新建"选项，并设置文档的属性，如页面尺寸和颜色模式。根据设计需求，选择适当的页面尺寸，例如服装设计常用的 A4 或 A3 尺寸，并选择适当的颜色模式，如 RGB 或 CMYK。

②如果有现成的设计素材，如图像、矢量文件或手绘草图，可以将其导入新创建的文档中。在 CorelDRAW 中，可以选择文件菜单中的"导入"选项，并浏览设计师的计算机以选择要导入的文件。在 Illustrator 中，可以选择文件菜单中的"放置"选项，并选择要导入的文件。在选择文件后，可以通过拖放或调整大小来将其放置在文档中。根据需要，可以使用编辑工具对导入的素材进行位置和尺寸调整。

③根据需要，可以使用软件中的调整工具和效果功能来对设计进行进一步编辑。可以调整元素的大小、位置和角度，应用特效和装饰效果，调整颜色和光照效果等。在

CorelDRAW 中，可以使用对象属性和效果选项来进行调整和编辑。在 Illustrator 中，可以使用属性面板和效果菜单来进行调整和编辑。

通过准备工作和导入素材，以及利用软件中的绘图工具和编辑功能，可以开始服装设计的数字化编辑。这些步骤奠定了设计的基础，并为后续的编辑和处理工作铺平了道路。

二、编辑和调整设计元素

①使用选择工具进行元素的选择和移动。选择工具是最常用的工具之一，通过单击和拖动选中的元素，可以调整其位置、大小和角度。可以通过选择工具的选项来进行缩放、旋转、翻转等操作，以适应不同的布局和排版需求。通过准确地选择和移动，可以精确地调整设计元素的位置和尺寸。

②利用绘图工具进行创作和绘制。绘图工具包括画笔、形状工具和铅笔等，可以用于创建各种服装设计元素。使用画笔工具可以绘制自由曲线和手绘效果的元素，通过调整画笔的大小和笔触属性，可以实现不同的线条效果。形状工具可以创建基本形状，如矩形、椭圆和多边形，可以调整形状的大小和比例，以满足设计需求。铅笔工具可以用于自由绘制和编辑路径，让设计师可以根据设计要求精确地调整路径的形状。

③通过直接选择工具或节点编辑工具对路径和节点进行编辑。直接选择工具可用于整体选择和调整路径，通过拖动路径的控制点，可以改变路径的形状和弯曲度。节点编辑工具用于精细调整路径的节点和曲线，可以移动、添加和删除节点，进一步改变路径的结构和形态。通过熟练使用这些工具，设计师可以精确地控制和编辑设计元素的形状和曲线，实现更精细的设计效果（图 6-1）。

图 6-1　绘制服装元素

三、添加颜色和纹理

①使用填充工具来为设计元素添加颜色和纹理。在工具栏中选择填充工具，然后选择适当的填充类型和颜色。填充类型包括纯色填充、渐变填充、图案填充等。通过单击设计元素或绘制区域，可以应用所选填充效果。通过调整填充的属性，如不透明度、纹理缩放和平铺等，可以进一步定制填充效果。这样，可以

为服装设计元素添加丰富的颜色和纹理，增强其视觉吸引力和表现力。

②使用描边工具为设计元素添加描边效果。选择描边工具，然后选择适当的颜色、线型和粗细。通过绘制或调整描边的路径，可以定义元素的边框或描边样式。可以选择不同的线型，如实线、虚线、点线等，并调整描边的粗细以达到所需的外观效果。通过组合填充和描边工具，可以创造出丰富多样的服装设计元素（图6-2）。

③CorelDRAW 和 Illustrator 还提供了其他高级的颜色和纹理编辑工具。可以使用渐变工具创建平滑的颜色过渡效果，调整渐变的方向和颜色节点，以实现更多样化的效果。纹理工具

图6-2　添加颜色和纹理

可以应用各种纹理效果，如布料、皮革、纹理图像等，为设计元素增加真实感和质感。

④在编辑颜色和纹理时，重要的是保持一致性和协调性。选择颜色和纹理时，考虑服装设计的整体风格和品牌形象。确保所选的颜色和纹理与设计元素相协调，突出设计的主题和要素。

总结起来，通过填充工具和描边工具，可以为服装设计元素添加丰富的颜色和纹理效果。通过选择适当的填充类型、颜色、纹理和描边样式，可以定制设计元素的外观，增强其视觉吸引力和表现力。

四、文字排版和编辑

①使用文本工具来创建文本对象并输入所需的文字内容，如品牌名称、标语或描述。选择文本工具，然后在文档中单击并拖动以创建一个文本框。在文本框内输入文字内容。可以根据需要调整文本框的大小和位置，以适于设计布局。

②编辑文本样式以实现良好的排版效果。利用字体面板或属性栏，可以调整文本的字号、字重、颜色等属性。选择合适的字体，可以通过字体面板中的分类、关键词搜索或按字母顺序浏览来进行选择。根据设计的风格和目标受众，选择适当的字体样式，如简洁、传统或时尚。调整字体的字号和字重，以确保文字在设计中具有适当的比例和可读性。

③可以通过调整文本的对齐和间距来改善排版效果。使用对齐工具（如对齐面板或

快捷键）对文本进行对齐，如左对齐、居中对齐或右对齐，以使文本在页面上对齐和分布均匀。通过调整字间距和行间距，可以改善文本的可读性和整体平衡。确保文本的对齐和间距与设计风格和排版要求相符。

④还可以应用特效和装饰来突出重点或增加视觉效果。使用字体面板或属性栏，可以为文本应用特效，如阴影、描边、下划线等。这些特效可以使文本在设计中更加突出和引人注目。根据设计的需要，选择合适的特效并调整其参数，以达到所需的效果（图6-3）。

图6-3 文字排版和编辑

总结起来，通过使用文本工具创建文本对象，并利用字体面板、属性栏和特效工具进行编辑，可以实现服装设计中的文字排版和编辑。选择适当的字体、调整文本样式和排版，以及应用特效和装饰，可以使文字在设计中更加突出和有吸引力。

五、特效和装饰

（一）理解设计需求

在使用特效和装饰工具之前，首先要明确设计的目标和风格，了解服装设计的主题、受众和品牌形象，以便选择适当的特效和装饰效果。

①要明确设计的目标和风格。了解服装设计的主题、受众和品牌形象非常重要。不同的服装设计可能追求不同的风格和效果，例如时尚、传统、奢华等。通过了解设计的目标和风格，可以更好地选择适合的特效和装饰效果，以达到所需的视觉效果和符合品牌形象。

②研究相关的设计趋势和灵感。时尚行业不断变化，了解当前的设计趋势和流行元素可以帮助设计师在服装设计中使用特效和装饰时保持时尚感。浏览时尚杂志、参观展览和研究行业的设计师作品，可以获得灵感和创意，并有助于选择适合的特效和装饰元素。

③根据设计的主题和要传达的信息选择特效和装饰。特效和装饰可以用来突出设计中的重点，增加视觉吸引力，或者传达特定的情感和意境。例如，使用阴影和发光效果

可以使元素更加立体和引人注目，使用纹理和图案可以增加设计的质感和独特性。根据设计的主题和要传达的信息，选择适合的特效和装饰效果，使其与整体设计风格和品牌形象相协调。

④要适度使用特效和装饰。尽管特效和装饰可以增加设计的视觉效果，但过度使用可能会造成视觉混乱和干扰，应确保特效和装饰的使用符合设计的整体目标和风格，并与其他设计元素相互补充和平衡。关注设计的整体和细节，确保特效和装饰的使用不会影响到设计的可读性和可理解性。

在 CorelDRAW 和 Illustrator 中，了解设计需求并选择适当的特效和装饰工具，可以使服装设计更具吸引力和个性化。通过了解设计的目标和风格，研究行业趋势，选择适合的特效和装饰，以及适度使用它们，可以为服装设计带来更好的效果和表现力。

（二）尝试不同的特效

特效工具提供了多种选项，如阴影、模糊、扭曲、发光等。尝试不同的特效，看看哪些特效与设计最契合，并为设计元素增添独特的效果和细节。

①了解不同特效的功能和效果。特效工具通常包括阴影、模糊、扭曲、发光等。了解每种特效的功能和效果，可以更好地选择适合的特效来实现设计的目标。

②根据设计的需求和目标选择适当的特效。不同的设计元素可能需要不同的特效来突出其特点和表达意图。例如，阴影效果可以增加元素的立体感和深度，模糊效果可以营造柔和模糊的氛围，扭曲效果可以创造出独特的形状和变形效果。根据设计的需求，选择适合的特效来增强设计的视觉效果。

③尝试不同的特效并观察其效果。在应用特效之前，可以创建备份或复制元素，以便在尝试不同特效时保留原始元素。通过应用特效并观察其效果，可以判断特效是否与设计元素相协调，并是否能够达到预期的效果。不断尝试和调整特效的参数，直到满意为止。

④适度使用特效，避免过度装饰。尽管特效可以增加设计的视觉吸引力，但过度使用特效可能会导致视觉混乱和干扰，应确保特效的使用符合设计的整体目标和风格，不影响设计的可读性和理解性。关注设计的整体平衡和视觉效果，确保特效与其他设计元素相互补充和平衡。

了解特效的功能和效果，根据设计需求选择适当的特效，并通过实践和观察其效果来不断调整和优化。通过合适的特效，可以为服装设计增添独特的魅力和个性。

（三）控制特效的强度和参数

特效通常具有可调整的参数，如强度、大小、方向等。根据设计需求和审美判断，调整特效的参数，以获得理想的效果。有时，适度的特效可以使设计元素更加突出和吸引人。

①了解特效的可调整参数。在应用特效之前，确保了解所选特效的可调整参数及其含义。不同的特效具有不同的参数，如阴影的强度、模糊的大小、扭曲的角度等。通过了解这些参数，可以更好地控制特效的效果和外观。

②根据设计需求和审美判断，调整特效的参数。考虑设计的整体目标和风格，根据需求来调整特效的强度、大小、方向等参数。例如，如果希望阴影效果更加明显，可以增加阴影的强度；如果希望模糊效果更柔和，可以调整模糊的大小；如果希望扭曲效果更加倾斜，可以改变扭曲的角度。通过调整特效的参数，使其与设计元素相协调，以获得理想的效果。

③适度使用特效，避免过度装饰。尽管特效可以增加设计的视觉吸引力，但过度使用特效可能会导致视觉混乱和干扰。在调整特效的参数时，要注意保持设计的整体平衡和一致性。关注特效与其他设计元素的关系，确保特效不会掩盖或干扰设计的主要信息。

④实践和观察特效的效果。在应用特效之后，建议进行实践和观察特效的效果。可以预览特效的外观，并在需要时进行调整和优化。通过实践和观察，可以判断特效的强度和参数是否符合设计的需求和期望。

了解特效的可调整参数，根据设计需求和审美判断进行调整，适度使用特效并实践观察其效果。通过精确控制特效的参数，可以使服装设计元素更加突出、吸引人，并实现设计的整体目标和风格。

（四）应用图案和纹理

利用软件提供的图案填充和纹理工具，为服装设计添加图案和纹理效果。选择合适的图案和纹理，并考虑元素的比例和布局，以确保图案和纹理与设计相协调（图6-4）。

①选择适合设计的图案和纹理。CorelDRAW等软件提供了丰富的图案填充和纹理选项，可以选择合适的图案和纹理来满足设计需求。考虑服装设计的主题、风格和品牌形象，选择与之相协

图6-4 应用图案和纹理

调的图案和纹理。例如，如果设计具有自然主题，可以选择花卉、叶子或动物图案；如果设计具有现代主题，可以选择几何图案或抽象纹理。还可以考虑元素的比例和布局，确保图案和纹理与设计的整体平衡。

②应用图案和纹理到设计元素上。选择要应用图案和纹理的元素，如服装的面料、背景或装饰元素。使用图案填充工具或纹理工具，将选定的图案或纹理应用到元素上。根据需要调整图案的大小、比例和位置，以使其与设计元素完美契合。

③考虑图案和纹理的可见性和透明度。根据设计的需求，可以调整图案和纹理的可见性和透明度。通过降低透明度或调整混合模式，可以使图案和纹理更加柔和和隐约，达到更细腻的效果。此外，可以尝试在不同的图案和纹理之间创建层次感，以增加设计的维度和层次。

④实践和观察效果。在应用图案和纹理之后，建议进行实践和观察其效果。可以预览设计的外观，并在需要时进行调整和优化。注意观察图案和纹理与设计元素的相互作用，确保它们不会掩盖或干扰设计的主要信息。通过实践和观察，可以确定图案和纹理的适用性和效果，并对其进一步地调整和优化。

选择合适的图案和纹理，应用到设计元素上，并调整其可见性和透明度，以实现设计的整体目标和风格。通过实践和观察效果，可以确定图案和纹理的最佳效果，并优化其应用，使服装设计更具质感和视觉吸引力。

（五）调整层次和透明度

特效和装饰可以通过调整层次和透明度来实现更好的效果。根据设计的需要，将特效应用于不同的图层，并调整图层的透明度，以创建出丰富的视觉效果。

①将特效和装饰应用于不同的图层。通过将不同的特效和装饰应用于独立的图层，可以更好地控制和管理它们。创建多个图层，并将每个特效或装饰元素放置在不同的图层上。这样，可以根据需要调整每个图层的可见性、顺序和属性。

②调整图层的透明度。通过调整特效和装饰图层的透明度，可以实现更多层次感和深度。降低图层的透明度可以使特效和装饰与底层元素进行更好地融合，营造出柔和透明的效果。根据设计的需求，适度调整图层的透明度，以达到理想的视觉效果。

③控制特效和装饰的层次关系。特效和装饰的层次关系可以通过调整图层的顺序来实现。将具有更高层次效果的特效和装饰放置在上层图层中，而将较为细微的效果放置在下层图层中。这样可以使特效和装饰之间形成层次感和深度，增加设计的视觉吸引力。

④实践和观察效果。在应用特效和装饰以及调整层次和透明度后，进行实践和观察其效果。预览设计的外观，并根据需要进行微调和优化。注意观察特效和装饰与其他元

素的相互作用，确保其能够增强设计的整体效果，而不会过于突兀或干扰设计的主要信息。

将不同的特效和装饰应用于独立的图层，调整图层的透明度，并控制特效和装饰的层次关系，以达到设计的最佳效果。通过实践和观察效果，可以优化特效和装饰的应用，使服装设计更加精美和引人注目。

（六）创造出独特的艺术风格

特效和装饰工具可以帮助设计创造出独特的艺术风格。尝试结合不同的特效和装饰效果，创造出独特的视觉表达，并将其与服装设计的主题和概念相匹配。

①了解设计的主题和概念。在应用特效和装饰之前，确保对服装设计的主题、风格和概念有清晰的理解。考虑服装设计的受众和品牌形象，并确保特效和装饰与设计的整体风格相匹配。

②尝试结合不同的特效和装饰效果。利用软件提供的各种特效和装饰工具，尝试不同的组合和效果，以创造出独特的艺术风格。可以尝试添加阴影、模糊、扭曲、发光等效果，或者结合图案填充和纹理来增加细节和质感。

③注重平衡和协调。在创造独特的艺术风格时，要注意保持设计的平衡和协调。特效和装饰应该与设计的其他元素相互补充，而不是过于突出或干扰。确保特效和装饰的使用不会覆盖设计的主要信息，而是增强设计的整体效果。

④进行实践和反馈。应用特效和装饰后，进行实践和观察其效果。与团队成员、客户或目标受众进行交流和反馈，了解他们的观点和感受。根据反馈进行调整和优化，以确保特效和装饰的使用与设计目标相符，并能够创造出独特而令人满意的艺术风格。

通过结合不同的特效和装饰效果，并将其与设计的主题和概念相匹配，可以创造出独特的艺术风格，使得服装设计与众不同。保持平衡和协调，并通过实践和反馈进行调整和优化，以实现最佳的艺术效果。在探索和创造过程中保持开放的心态，并勇于尝试新的创意和技巧，将特效和装饰应用到服装设计中。

（七）保持审美平衡

在使用特效和装饰工具时，要注意保持审美平衡。不要过度使用特效和装饰，以免影响设计的整体效果。确保特效和装饰与设计元素相协调，突出设计的核心要素。

①明确设计的重点和焦点。在应用特效和装饰之前，确定设计中的核心元素和信息。特效和装饰应该衬托和突出这些重点，而不是分散注意力。通过精确地选择特效和装饰的应用区域，使其与设计的核心要素相协调。

②避免过度使用特效和装饰。特效和装饰可以增加设计的视觉冲击力，但过度使用可能会导致混乱和杂乱的效果。确保每个特效和装饰的使用都有明确的目的，并在视觉上和概念上与设计相契合。避免在设计中使用过多的特效和装饰，以免造成视觉混乱或缺乏焦点。

③注重整体和谐。特效和装饰应该与设计的整体风格和主题相吻合。考虑颜色、形状、线条和比例等因素，确保特效和装饰与设计的其他元素相协调。遵循一致的设计原则和风格，以确保整体效果的和谐。

④进行审美评估和反馈。应用特效和装饰后，进行审美评估，判断其对设计整体效果的影响。与团队成员、客户或目标受众进行讨论和反馈，以了解他们的视觉感受和观点。根据反馈进行调整和优化，确保特效和装饰的使用符合审美平衡的要求。

明确设计的重点和焦点，避免过度使用特效和装饰，注重整体和谐，并进行审美评估和反馈，将有助于保持设计的审美平衡。通过谨慎而有意识地运用特效和装饰，使其成为设计的增强因素，而不是分散注意力的元素。

六、图层管理和组织

在 CorelDRAW 和 Illustrator 中，图层管理和组织是一项重要的技巧，可以帮助设计师更好地控制和编辑服装设计。

（一）使用图层面板来管理不同元素的层次结构

通过图层面板，可以创建新的图层，并为每个图层分配有意义的名称。这样可以更好地组织和识别不同的元素，例如服装设计的各个部分或不同版本的设计。

①了解图层面板的基本功能。图层面板是一个用于管理和控制不同元素的层次结构的工具。可以在图层面板上创建新的图层，并为每个图层分配有意义的名称，以便更好地识别和组织设计元素。

②根据设计的需要，创建适当的图层。例如，可以创建一个图层用于放置主要服装元素，另一个图层用于放置背景元素，以及其他图层用于放置文本、装饰等。这样，可以更加清晰地了解和管理不同元素的层次关系。

③利用图层面板的功能进行图层的管理。图层面板提供了多种功能，如隐藏 / 显示图层、锁定 / 解锁图层、调整图层的顺序等。通过使用这些功能，可以更好地控制不同图层之间的可见性和交互性，以便进行更精细的编辑和调整服装设计。

④命名和组织图层以提高工作效率。为每个图层分配有意义的名称，以便在需要时

快速识别和找到特定的元素。还可以使用图层的分组功能，将相关的元素放在同一个图层组中，以便更好地管理和编辑服装设计。

通过使用图层面板来管理和组织不同元素的层次结构，可以更好地控制和编辑服装设计。了解图层面板的基本功能，创建适当的图层，利用图层面板的功能进行管理，并命名和组织图层以提高工作效率，将有助于更好地管理和编辑服装设计。

（二）调整图层的可见性和顺序

在图层面板中，可以通过切换图层的可见性来控制元素的显示和隐藏。通过调整图层的顺序，可以改变元素在设计中的叠放顺序，实现更精细的控制和布局。

1. 调整图层的可见性

在图层面板中，每个图层都有一个眼睛图标，用于切换该图层的可见性。通过单击眼睛图标，可以将图层的可见性打开或关闭。这对于隐藏或显示特定元素非常有用。通过调整图层的可见性，可以集中关注特定的元素，并在编辑过程中减少干扰。

2. 调整图层的顺序

在图层面板中，可以通过拖放图层来改变它们在设计中的叠放顺序。顶部的图层在设计中位于最上方，底部的图层在设计中位于最下方。通过将图层向上或向下拖动，可以更改元素的前后顺序。这对于控制元素的遮挡关系和布局非常有用。

3. 使用图层的锁定和隐藏功能

图层面板还提供了锁定和隐藏图层的选项。通过锁定图层，可以防止对该图层上的元素进行意外的编辑或移动。通过隐藏图层，可以在编辑其他元素时暂时隐藏某些图层，以减少界面的复杂性。这些功能有助于更好地组织和控制图层，使编辑过程更加高效。

4. 命名图层和使用图层组进行组织

为每个图层分配有意义的名称，以便更好地识别和区分不同的元素。还可以使用图层组将相关的图层组织在一起，以便更好地管理和编辑服装设计。通过命名图层和使用图层组，可以在图层面板中创建清晰的层次结构，使图层管理更加简单和直观。

使用图层面板中的眼睛图标来切换图层的可见性，通过拖放图层来调整它们的顺序，并利用锁定、隐藏、命名和图层组等功能来组织图层。这些技巧将帮助更好地管理和编辑服装设计。

（三）利用分组功能将相关元素组合在一起

通过选择多个元素，并使用分组命令，可以将它们组合为一个整体。这样，可以同时编辑、移动和调整这些元素，而无须单独处理每个元素。分组还可以帮助设计师更好地组织设计中的复杂元素，使其更易于管理和修改。

1. 选择多个元素

使用选择工具，在画布上按住【Shift】键并单击每个要组合的元素，或者通过拖动选择框框选多个元素。要确保选择的元素是希望组合在一起的相关元素。

2. 进行分组

在菜单栏中找到"对象"或"编辑"选项，然后选择"组合"或"分组"命令。在CorelDRAW中，选择"对象"菜单中的"组合"选项；在Illustrator中，选择"对象"菜单中的"组合"或使用快捷键【Ctrl】+【G】进行分组。分组后，这些元素将成为一个整体。

3. 编辑和调整分组的元素

一旦元素被分组，可以同时编辑、移动和调整这些元素，而无须单独处理每个元素。可以调整分组的位置、大小和角度，应用颜色、特效和装饰，以及进行其他常规编辑操作。分组后的元素会保持相对位置和比例关系，便于进行整体调整和修改。

4. 解除分组

如果需要对分组的元素进行单独编辑，可以选择分组后的元素，并选择"对象"或"编辑"菜单中的"解组"命令。在CorelDRAW中，选择"对象"菜单中的"解组"选项；在Illustrator中，选择"对象"菜单中的"解组"或使用快捷键【Shift】+【Ctrl】+【G】进行解组。解组后，元素将恢复为独立的对象，可以对它们进行单独编辑。

通过利用分组功能，可以将相关元素组合在一起，使其成为一个整体。这有助于设计师更好地组织和管理设计中的复杂元素，同时也方便了整体编辑和调整。无论是调整位置、大小和角度，还是应用颜色、特效和装饰，分组功能都能提供更高效和灵活的编辑体验。

在进行服装设计编辑时，良好的图层管理和组织可以帮助设计师更高效地工作，使设计过程更加灵活和可控。通过合理利用图层面板、分组和复制功能，可以更好地管理和调整设计元素，提高设计师工作效率和设计质量。

第三节　数字化编辑中的图案和样式应用

在数字化编辑中，图案和样式是服装设计中非常重要的元素，其可以为服装设计增添独特的风格和个性，并提升整体的视觉效果。

一、图案设计

通过数字化编辑软件，可以创建各种图案，如花纹、几何图案、动物图案等。利用绘图工具和填充工具，可以绘制复杂的图案，并应用于服装设计中的各个部分，如上衣、裙子、裤子、鞋子等。图案的选择和设计应与服装设计的主题、风格和目标受众相符。

①图案设计可以用于不同服装部分的装饰。例如，通过在衣服上应用花纹图案，可以增加服装的视觉吸引力和艺术感。几何图案可以用于设计饰边、袖口或领口等细节，为服装增添时尚感和现代感。动物图案可以用于设计衬衫、外套或裙子等服装，增添生动的元素。

②图案设计可以用于突出服装的主题和风格。根据服装设计的主题，选择合适的图案，如花朵图案适用于春季和夏季系列，雪花图案适用于冬季系列等。通过图案的选择和设计，可以强调服装的整体风格和氛围，使其与目标受众的喜好和审美相契合。

③图案设计也可以用于品牌塑造。设计独特而有标识性的图案，可以帮助品牌建立独特的形象和辨识度。通过在服装设计中应用品牌专属的图案，可以让消费者更容易地识别和记忆品牌，并与其产生情感共鸣。

④在图案设计过程中，除了选择合适的图案和风格，还应考虑图案的比例和布局。合理地将图案应用于服装设计的不同部分，使其在整体上呈现出协调和平衡的效果。对于复杂的图案设计，设计师可以使用图层管理和组织工具，将不同的图案元素分层组织，以方便编辑和调整。

总而言之，数字化编辑中的图案设计在服装设计中扮演着重要的角色。通过利用数字化编辑软件的绘图工具和填充工具，设计师可以创造出各种形式的图案，并将其应用于服装的不同部分。图案的选择和设计应与服装设计的主题、风格和目标受众相符，以实现视觉吸引力、艺术性和品牌塑造的目标。在图案设计过程中，还需注意图案的比例和布局，以确保整体效果的协调和平衡。

二、纹理效果

纹理效果在服装设计中的应用可以为设计元素增加质感和触感，为服装赋予更多的细节和表现力。通过数字化编辑软件，设计师可以应用各种纹理效果，以实现所需的视觉效果。

①纹理效果可以模拟不同材质的质感。通过应用布纹效果，设计师可以呈现出服装上的细腻纹理，使服装看起来更具有质感和层次感。皮革纹理效果可以用于设计皮革外套、鞋子或包包等服装元素，使其更具真实感和触感。织物纹理效果可以用于呈现各种不同类型的织物，如棉布、丝绸、毛绒等，增加服装的真实性和立体感。

②纹理效果可以用于突出服装设计的主题和风格。根据设计的概念和目标，选择合适的纹理效果，以增强服装的视觉效果和表现力。例如，在实现民族风格的服装设计中，可以应用传统纹理效果，如民族图案或手工编织的纹理，以突出设计的文化特色和风格。在现代时尚设计中，可以尝试抽象纹理效果或数字化的几何图案，以展现设计的创新和前卫感。

③纹理效果还可以用于创造出独特的艺术风格。通过探索不同的纹理效果和调整其参数，设计师可以创造出独特而个性化的纹理表现。这种个性化的纹理效果可以与服装设计的整体风格相呼应，增加设计的艺术性和创意性。

④在应用纹理效果时，设计师应考虑纹理的比例和布局，以确保其与服装设计的整体效果协调一致。可以利用图层管理和组织工具，将不同的纹理元素分层组织，以方便编辑和调整。此外，还可以尝试调整纹理效果的透明度和混合模式，以达到更多样化的视觉效果。

⑤通过选择适合的纹理效果、调整参数和保持审美平衡，设计师可以创造出独特而吸引人的服装设计。纹理效果的应用不仅可以提升设计的质量，还能让服装在视觉上更加丰富、引人注目。

三、颜色和渐变

数字化编辑软件允许调整图案和样式的颜色和渐变。可以选择适当的色彩方案，并应用于图案和样式，以增加视觉吸引力和表现力。通过调整颜色的饱和度、亮度和对比度等属性，可以实现不同的视觉效果和表达不同的情绪。

①颜色的选择非常重要，可以传达设计的主题、风格和情感。在选择颜色时，设计师应考虑服装设计的目标受众、品牌形象以及所要表达的概念。例如，明亮、鲜艳的颜色可以用于年轻、活力的设计，而柔和、中性的颜色适用于经典、优雅的设计。通过数字化编辑软件，可以调整颜色的色相、饱和度和亮度，以精确控制所需的颜色效果。

②渐变是一种常用的技巧，用于创建平滑过渡的颜色效果。设计师可以使用线性渐变、径向渐变和角度渐变等类型的渐变，为服装设计添加层次感和动态感。通过调整渐变的起始点、结束点和颜色节点，可以实现不同的渐变效果，如从一种颜色到另一种颜

色的渐变、从透明到不透明的渐变等。

③数字化编辑软件还提供了其他调整和增强颜色的工具和功能。设计师可以使用色彩平衡、色阶、曲线等工具，对颜色进行更精确的调整和处理。另外，利用软件的特效和滤镜功能，设计师还可以应用特殊的颜色效果，如黑白转换、色彩加深、色调分离等，以创造出独特的视觉效果。

④在应用颜色和渐变时，设计师需要考虑整体的视觉平衡和协调。颜色的选择和组合应与服装设计的整体风格相符，而渐变的使用应符合设计的意图和需求。同时，设计师还可以尝试结合其他编辑技巧，如图层叠加、透明度和遮罩等，进一步增强颜色和渐变的表现力。

⑤通过选择合适的颜色和渐变效果，并运用编辑软件的调整工具和特效功能，设计师可以创造出富有视觉吸引力和个性化的服装设计。颜色和渐变的应用可以使服装更加生动、吸引人，并传达出设计的理念和风格。同时，设计师还可以根据不同的服装部件和细节，灵活运用颜色和渐变效果，以突出设计的重点和创造独特的视觉效果。

四、图层叠加和混合模式

数字化编辑软件中的图层叠加和混合模式功能可以为服装设计的图案和样式增加更多的细节和效果。通过在不同的图层上叠加不同的元素和效果，可以创建出独特的视觉效果，如透明度、阴影、高光等。这种叠加和混合可以让设计更加生动和立体。

（一）创造透明度效果

通过在不同的图层上叠加透明元素，可以创建出透明度效果。这种效果可以用来模拟透明纱、薄纱或半透明材质，在服装设计中产生轻盈和柔和的效果。例如，通过在某些区域使用透明的图层叠加，可以在衣物上创造出流线型的透视效果，增强设计的动态感。

1. 模拟透明纱和薄纱

透明纱和薄纱是服装设计中常见的材质之一，具有轻盈、柔软和透明的特点。通过使用图层叠加和混合模式，可以在设计中模拟出这种材质的效果。例如，在设计的某些区域使用透明的图层叠加，可以营造出透视效果，让服装看起来更加轻盈和薄透。

2. 创造半透明材质效果

某些服装设计需要呈现出半透明的效果，例如蕾丝、薄纱或网眼织物。通过使用透明度设置和混合模式，可以达到这种效果。通过调整图层的透明度，使底层的元素透露出来，同时保留上层元素的一部分可见性，以模拟出材质的半透明效果。

3. 增加设计的动态感

透明度效果还可以用来增强设计的动态感。通过在图案或元素的一部分使用透明度，可以创造出元素逐渐消失或出现的效果。这种透明度的变化可以使设计看起来更加生动和有活力，为服装注入动态的视觉效果。

4. 实现细节和层次感

透明度效果可以在服装设计中添加细节和层次感。通过在图层之间设置不同的透明度，可以在设计中创造出不同的元素叠加和遮挡效果。这种层次感可以为服装设计增加维度，使其更加丰富和有趣。

5. 制造视觉过渡效果

透明度效果还可以用于实现视觉过渡效果。通过渐变调整图层的透明度，可以在设计中创造出平滑的过渡效果，使不同元素之间的连接更加自然和流畅。

总的来说，通过在数字化编辑中应用图层叠加和混合模式的透明度效果，可以模拟出服装设计中的透明纱、薄纱或半透明材质，增加服装的轻盈和柔和感。

（二）添加阴影和高光

使用混合模式，可以在服装设计中添加阴影和高光效果，增加服装的立体感和质感。通过在不同图层上使用不同的混合模式，可以模拟光线的投射和反射，使服装在虚拟环境中更加逼真。例如，在服装的褶皱部分添加适当的阴影效果，可以增加细节和深度感。

1. 模拟光线的投射和反射

通过使用混合模式，可以模拟光线在服装上的投射和反射效果。通过在不同的图层上使用不同的混合模式，可以使服装看起来更加逼真和立体。例如，在服装的褶皱部分添加适当的阴影效果，可以模拟出光线照射下的阴影效果，增加服装的质感和层次感。

2. 增加细节和深度感

通过在服装设计中添加阴影和高光效果，可以增加细节和深度感。通过在图层上应用适当的混合模式和透明度设置，可以模拟出服装上不同区域的阴影和高光效果。这些效果可以使服装看起来更加生动和立体，增强设计的质感和触感。

3. 强调服装的轮廓和特征

通过使用阴影和高光效果，可以强调服装的轮廓和特征。通过在服装的边缘或特定部位添加适当的高光效果，可以使服装的形状更加清晰和突出。同时，在服装的凹陷或褶皱部分添加适当的阴影效果，可以增强细节和纹理感。

4. 增强虚拟环境中的逼真度

在数字化编辑中，通过添加阴影和高光效果，可以增强服装在虚拟环境中的逼真度。通过模拟光线的投射和反射效果，使服装看起来更像是在真实的光线下展示，增强了设计的真实感和逼真感。

5. 创造艺术效果

除了模拟真实光线的效果，混合模式还可以用于创造出各种艺术效果。通过调整不同混合模式的参数，可以创造出独特的阴影和高光效果，以符合设计的艺术风格和概念。

总的来说，通过在数字化编辑中应用图层叠加和混合模式的阴影和高光效果，可以增加服装设计的立体感、质感和逼真度。这些效果能够强调服装的细节、轮廓和特征，使设计更加生动和突出。

（三）创造纹理和图案

通过在图层之间使用混合模式，可以创造出各种纹理和图案效果。可以使用混合模式将图案或纹理叠加到服装设计中，以增加复杂度和视觉层次。例如，通过在服装的表面添加纹理图层，可以模拟出不同材质的效果，如皮革、织物或金属。

1. 模拟材质纹理

通过在服装设计中添加纹理图层，可以模拟出不同材质的效果。例如，通过在服装的表面添加皮革纹理图层，可以使服装看起来更像真实的皮革材质。类似地，可以使用纹理图层模拟出织物、纱线、金属等材质的纹理，增加服装设计的真实感和质感。

2. 创建艺术图案

利用混合模式，可以将艺术图案与服装设计相结合，创造出独特的视觉效果。可以使用图案图层叠加到服装设计中，以添加复杂的图案和几何元素。这种应用可以使服装设计更加艺术化和个性化，突出设计师的创意和风格。

3. 增加层次和维度

通过在服装设计中添加图案和纹理图层，可以增加视觉层次和维度。不同的图案和纹理图层可以叠加在一起，创造出多层次的效果。这种应用可以使服装设计更加丰富和有趣，吸引人们的注意力。

4. 实现复杂的渐变效果

利用混合模式，可以创造出复杂的渐变效果，为服装设计增添视觉吸引力。通过在图层之间设置不同的混合模式和透明度，可以实现颜色的渐变和过渡效果。这种应用可以使服装设计更加丰富多彩，为人们呈现出不同的视觉体验。

5. 定义图案和纹理的位置和形状

利用图层叠加和混合模式，可以精确控制图案和纹理的位置和形状。可以通过调整图层的位置、大小和旋转角度，将图案和纹理与服装设计的具体部位相匹配。这种应用可以使服装设计更加精确和专业，确保图案和纹理与服装的结构和形状相协调。

通过在数字化编辑中应用图层叠加和混合模式的纹理和图案效果，可以为服装设计增加复杂度、层次感和艺术性。这种应用可以模拟不同材质的纹理，创造出独特的艺术图案，增加服装的立体感和质感。同时，通过调整图层的位置、形状和混合模式，可以精确控制图案和纹理的位置和效果，使其与服装的结构和形状相匹配。

（四）实现颜色叠加和混合

利用混合模式，可以将不同颜色的图层叠加在一起，创造出新的颜色效果。通过调整不同图层的不透明度和混合模式，可以实现颜色的混合和渐变效果。这种应用可以使服装设计更具艺术感和独特性，提供更多的颜色选择和变化。

1. 颜色叠加

通过将具有不同颜色的图层叠加在一起，可以创建出新的颜色效果。例如，将红色和蓝色的图层叠加在一起，可以得到紫色的效果。通过调整叠加图层的不透明度，可以控制叠加效果的强度和透明度，实现不同的颜色叠加效果。

2. 渐变效果

利用渐变工具和图层混合模式，可以创建出平滑过渡的颜色效果。渐变可以是线性的、径向的或放射性的，根据设计需求选择合适的渐变类型。通过调整渐变的起始点、结束点和颜色，可以达到不同的渐变效果，如从一种颜色过渡到另一种颜色或多种颜色之间的渐变。

3. 光影效果

利用图层混合模式和不透明度调整，可以实现光影效果，增强服装设计的立体感和质感。通过创建具有不同亮度和对比度的图层，并将其与底层图层混合，可以模拟光线的投射和反射，创造出阴影和高光效果。这些光影效果可以使服装设计更加生动和立体。

4. 纹理叠加

通过将纹理图层叠加在服装设计的图层上，可以为服装增加纹理和质感。选择适当的纹理图像，如纹理图案、织物纹理或皮革纹理，并将其与服装设计的图层混合，可以为服装创造出独特的纹理效果。通过调整混合模式和不透明度，可以控制纹理的显示和透明度，使其与服装设计的整体效果相协调。

5. 色彩调整

利用图层叠加和混合模式，可以对服装设计中的颜色进行调整和修饰。通过添加具有特定色彩的图层，并将其与底层图层混合，可以实现色彩的变化和调整。例如，通过添加带有暖色调的图层，可以达到服装设计中的暖色调效果。通过调整混合模式和不透明度，可以控制暖色调的强度和透明度，使其与服装设计的整体色彩和风格相融合。

在应用图层叠加和混合模式时，还可以尝试不同的混合模式，如正片叠底、屏幕、叠加、柔光等，以达到不同的颜色叠加和混合效果。每种混合模式都具有不同的影响方式，可以根据具体的设计需求选择合适的模式。

此外，通过调整图层的透明度和不透明度，可以达到服装设计中的透明效果。透明效果可以模拟透明材质、薄纱或半透明的效果，为服装设计增加轻盈和柔和的视觉效果。通过在适当的区域使用透明的图层叠加，可以创造出流线型的透视效果，增强设计的动态感。

需要注意的是，在应用图层叠加和混合模式时，要保持审美平衡，避免过度使用和堆叠效果，以免影响整体的视觉效果和可读性。此外，根据设计需求，可以通过调整图层的顺序和透明度，进一步优化图案和样式的叠加效果。

总而言之，图层叠加和混合模式是数字化编辑中强大的工具，在服装设计中应用广泛。通过掌握其使用技巧和应用原理，设计师可以创造出丰富多彩、独特而引人注目的图案和样式，为服装设计增添视觉吸引力和个性化。

（五）调整图层顺序和透明度

通过调整图层的顺序和透明度，可以控制不同元素之间的层次和重叠关系。这使得设计师可以更好地组织和调整服装设计中的图案和样式。通过调整透明度，可以在图案和样式之间创造出柔和的过渡效果，增加视觉的流动感和深度感。

1. 调整图层顺序

（1）前后顺序

通过将不同图层放置在正确的顺序上，可以控制元素之间的遮挡和重叠关系。例如，将前景元素放在背景元素之上，可以使前景元素更加突出。

（2）细节层次

通过将细节图层放在最上面，可以使细节更加清晰可见。这对于有复杂纹理或图案的服装设计特别有用。

2. 调整透明度

（1）混合效果

通过降低图层的透明度，可以创建出透明和半透明的效果。这对于模拟薄纱、透明材质或柔和的光线效果非常有用。

（2）过渡效果

通过调整图层的透明度，可以在图案和样式之间实现平滑的过渡。这样可以避免图案和样式之间的突变，增加视觉的流动感和深度感。

（3）叠加效果

通过调整图层的透明度，可以在重叠的图案和样式之间创造出新的颜色效果。例如，在叠加的图层上使用不同颜色和透明度，可以产生丰富的混合效果。

通过灵活运用调整图层顺序和透明度的技巧，设计师可以实现更多样化、富有层次感和细节的图案和样式。这种技巧允许设计师在数字化编辑中更好地控制和组织服装设计中的视觉元素，使其更加吸引人和风格独特。同时，设计师需要根据具体的设计需求和审美要求进行调整，保持审美平衡和整体的视觉效果。

五、样式库和图案库

数字化编辑软件通常提供样式库和图案库，其中包含各种预设的样式和图案供选择和应用。这些库可以帮助快速创建和编辑图案和样式，节省设计时间并提供更多的创作灵感。

（一）样式库的应用

在数字化编辑软件中，样式库为服装设计师提供了各种预设的样式，可以应用于服装设计中的不同元素，从而快速创建具有一致风格和效果的设计。

1. 预设样式

数字化编辑软件通常提供多种预设样式供设计师选择。预设样式包括线条样式、填充样式、字体样式等，可以直接应用于服装设计中的元素。

（1）线条样式

通过选择预设的线条样式，设计师可以为服装设计中的轮廓、边框或装饰添加特定的线条效果。例如，可以选择粗细不一的线条样式来突出衣领、袖口或裤腿的边缘。

（2）填充样式

预设的填充样式可用于为服装设计中的衣物、图案或图形添加纹理、图案或渐变效果。设计师可以选择适合设计主题和风格的填充样式，如花纹、格子、渐变等。

（3）字体样式

预设的字体样式可用于为设计中的文字添加特定的字体效果，如粗体、斜体、阴影等。设计师可以根据设计需求选择适合的字体样式，使文字与整体设计风格一致。

2. 自定义样式

数字化编辑软件还允许设计师根据自己的需求和创意创建自定义样式，并将其保存到样式库中。

（1）调整属性

通过数字化编辑软件提供的工具和选项，设计师可以调整元素的属性，如颜色、线条粗细、阴影、透明度等。设计师可以根据服装设计的要求，调整这些属性，并将其保存为自定义样式，以便在其他设计中重复使用。

（2）保持一致性

自定义样式的使用可以帮助设计师保持设计的一致性和风格。通过在不同元素上应用相同的自定义样式，可以确保整个服装设计具有统一的外观和效果。

使用样式库的好处是可以节省设计时间，并确保设计的一致性和专业性。设计师可以从预设样式中选择适合的样式，并根据需要进行自定义调整，以满足服装设计的要求。样式库的应用使得设计师能够更加高效地进行创作，并提供更多的创作灵感。

（二）图案库的应用

1. 预设图案

数字化编辑软件通常提供丰富的预设图案库，包含各种花纹、纹理和装饰图案。这些预设图案可以直接应用于服装设计中的不同元素，如衣服、裙子、裤子等。设计师可以从图案库中选择适合的图案，快速为服装设计增添细节和使其个性化。

（1）花纹图案

预设图案库中常包含各种花朵、叶子等花纹图案。设计师可以选择适合的花纹图案，应用于服装设计中的不同部分，如领口、袖口、裙摆等，以增添视觉吸引力和生动感。

（2）纹理图案

预设图案库中的纹理图案可以模拟不同材质的效果，如皮革、织物、木纹等。设计师可以根据服装设计的风格和要求，选择适合的纹理图案，应用于服装的不同部位，以增加质感和丰富度。

（3）装饰图案

预设图案库还包含各种装饰性图案，如几何图案、动物图案、图形图案等。这些图案可以用于为服装设计添加独特的个性化和视觉效果，使其与众不同。

2. 自定义图案

设计师还可以使用数字化编辑软件提供的绘图工具和编辑功能，创建自己的图案，并将其保存到图案库中。设计师可以根据设计需求和创意，绘制和编辑各种自定义图案。

（1）创作图案

通过数字化编辑软件提供的绘图工具，设计师可以创作各种独特的图案，如几何图案、抽象图案、艺术图案等。这些自定义图案可以根据服装设计的要求，与服装的形状和线条进行配合，增加创意和艺术性。

（2）编辑图案

数字化编辑软件还提供了丰富的编辑功能，如缩放、旋转、平铺等，设计师可以使用这些工具来编辑和调整自定义图案的大小、方向和重复方式。通过编辑图案，设计师可以实现更好地适应服装设计的需求和比例。

将自定义的图案保存到图案库后，设计师可以在不同的服装设计项目中重复使用，实现一致性和个性化。图案库的应用使得设计师能够更加高效地进行创作，并提供更多的创作灵感。通过选择合适的预设图案或自定义图案，设计师可以将服装设计与品牌形象和风格保持一致。

图案库的应用还可以帮助设计师快速浏览和选择合适的图案，减少设计过程中的时间和努力。设计师可以根据服装设计的主题、风格和受众群体，浏览图案库中的各种选项，并选择最适合的图案应用于服装设计中。这不仅提高了工作效率，还确保了设计的一致性和专业性。

此外，图案库还为设计师提供了探索和创新的机会。设计师可以通过对不同图案的组合、修改和调整，创造出全新的图案效果。通过将多个图案叠加或混合使用，设计师可以创造出独特的视觉效果，使服装设计更加个性化和引人注目。

通过预设样式和图案，设计师可以快速应用一致的风格和效果，提高工作效率。同时，自定义样式和图案使得设计师能够更好地表达创意和个性化，为服装设计增添独特性和创新性。样式库和图案库的应用为设计师提供了丰富的选择和灵感，帮助他们创造出令人惊艳的服装设计作品。

 思考题

1. 数字化编辑在服装设计中起到什么样的作用？简要解释数字化编辑的基本原理和技巧。

2. CorelDRAW 和 Illustrator 是常用的数字化编辑工具，它们在服装设计中的编辑功能有哪些？请举例说明它们的应用。

3. 图案和样式的应用对服装设计的视觉效果和整体风格有着重要影响，在数字化编辑中，有哪些技巧和功能可用于图案和样式的应用？请具体说明。

4. 数字化编辑过程中，如何保持设计的连贯性和一致性？请分享一些关于保持设计连贯性的实用技巧和方法。

5. 在数字化编辑中，设计师还需要考虑哪些因素以确保设计的准确性和质量？请列举并解释这些因素对编辑结果的影响。

第七章 服装设计数字化资源的应用

第一节 数字化花型和印花的制作和应用

服装设计中，数字化花型和印花的制作和应用是一项重要的技术。通过数字化工具和软件，设计师可以创建各种花型和印花，并将其应用于服装设计中。这种数字化的制作和应用使得花型和印花的设计更加灵活、高效，并且可以快速地在不同的服装设计上进行调整和应用。

一、数字化花型的制作

（一）确定设计需求

在开始制作数字化花型之前，要明确设计的主题、风格和要表达的概念。了解服装设计的整体要求，包括所设计服装的类型、目标受众和设计师想要传达的情感或故事。

（二）寻找灵感和参考

通过研究时尚趋势、艺术作品、自然景观等，寻找灵感和参考素材。这些素材可以帮助设计师形成想法和构思，并为数字化花型的创作提供基础。可以收集图片、图案、颜色等相关素材，并进行整理和分析。

（三）绘制草图

使用数字化绘图软件或绘图工具，在电子设备上或纸上绘制初步的草图。草图可以是整体的花型形状、花朵的轮廓或花纹的构成元素，帮助设计师构思花型的基本结构。可以尝试不同的形状、比例和布局，以找到最符合设计需求的草图。

（四）创建基本形状

在数字化编辑软件中，使用绘图工具如画笔、形状工具等，根据草图绘制基本形状。可以通过绘制自由曲线、绘制几何形状或通过修改现有形状来创建所需的花型形状。在绘制过程中，可以调整曲线的平滑度、角度的变化以及形状的对称性，以获得更精确和符合设计要求的基本形状。

（五）添加细节和纹理

利用软件提供的绘图工具和纹理效果，为花型添加细节和纹理。可以使用画笔工具绘制花朵的细节，如花蕊、花瓣的纹理和阴影等。此外，还可以尝试使用填充工具和图案库中的预设图案来装饰花型，以增加层次感和视觉效果。可以调整填充的颜色、透明度和纹理的大小和密度，以获得所期望的效果。

（六）调整颜色和色彩效果

利用数字化编辑软件的调色工具，可以更改花型的颜色和色彩效果，以达到理想的视觉效果。可以尝试更换花朵的颜色，调整饱和度和亮度，或尝试不同的色彩滤镜和调色板来创造出不同的情绪和效果。通过调整色彩效果，可以使花型更加生动、引人注目，并与整体的服装设计风格相协调。

（七）导出和保存

完成数字化花型后，将其导出为常见的图像文件格式，如 JPEG 或 PNG。同时，为了方便后续的应用和管理，可以将花型保存到特定的文件夹或数字化库中，以便日后的使用和分享。通过导出和保存花型，可以确保其质量和可用性，同时便于在不同的设计项目中重复使用和修改。

通过以上步骤，设计师可以创作出精美、独特的数字化花型，并将其应用于服装设计中。数字化花型为服装设计增添了更多的创作可能性和个性化，为服装注入了新的生命和视觉效果。同时，数字化编辑软件的工具和功能为设计师提供了便利和灵活性，使得花型制作过程更加高效和创意。

二、数字化印花的制作

（一）扫描和导入

将手绘或纸质印花扫描到计算机中，并导入数字化编辑软件中。通过扫描，将印花转换为数字化的图像文件，为后续的编辑和处理做准备。

（二）图像处理

使用数字化编辑软件提供的图像处理工具，对导入的印花进行处理和优化。可以调整色彩、对比度、饱和度等参数，以达到理想的视觉效果。通过图像处理，可以使印花更加清晰、鲜艳，并修正任何细节上的问题。

（三）图案重复

通过数字化编辑软件的工具和功能，创建连续重复的印花图案，以适应不同尺寸的服装设计。可以使用复制、翻转、旋转和平铺等操作，将印花图案按照设计需求进行排列和重复。这样可以确保印花在服装上呈现出连贯而统一的效果。

（四）色彩分离

根据印花的颜色，使用色彩分离工具将印花分离为不同的色板，为后续的印刷工艺做准备。色彩分离是将多种颜色的印花图案分离成单色图层的过程，以便在印刷过程中每种颜色都能被准确地表现出来。通过色彩分离，可以为每种颜色设置相应的油墨或染料，确保印花在实际生产中保持准确的色彩和效果。

通过以上步骤，设计师可以制作数字化的印花，并将其应用于服装设计中。数字化印花为服装设计增添了更多的创作可能性和个性化，为服装注入了独特的视觉效果。数字化编辑软件提供了丰富的工具和功能，使得印花制作过程更加高效和灵活，同时还可以根据设计需求进行修改和调整。

三、数字化花型和印花的应用

（一）应用于设计元素

将数字化花型和印花应用于服装设计的不同元素，如上衣、裙子、裤子等。通过调整大小、旋转和平铺，使花型和印花适应不同的设计需求。

1. 上衣

数字化花型和印花可以应用于上衣的不同部位，如领口、袖口、腰带等。设计师可以根据服装的整体风格和主题，选择合适的花型和印花，并将其应用于上衣的特定位置，以增添细节和个性化。通过调整花型的大小、旋转和平铺，可以使花型在上衣上呈现出协调和均衡的效果。

2. 裙子

数字化花型和印花可以用于裙子的不同部分，如裙摆、裙身和腰部。设计师可以根据裙子的款式和长度，选择适合的花型和印花，并将其应用于裙子的特定区域，以增加视觉层次和吸引力。通过调整花型的大小和布局，可以使花型在裙子上呈现出流畅和连贯的效果。

3. 裤子

数字化花型和印花可以应用于裤子的不同部分，如裤腿、裤口和腰部。设计师可以根据裤子的款式和设计要求，选择适合的花型和印花，并将其应用于裤子的特定位置，以增加时尚感和个性化。通过调整花型的大小和方向，可以使花型在裤子上呈现出独特和富有动感的效果。

4. 其他设计元素

除了上衣、裙子和裤子，数字化花型和印花还可以应用于其他服装设计元素，如鞋子、帽子、包包等。设计师可以根据这些元素的形状和设计要求，选择适合的花型和印花，并将其应用于特定的位置，以增添个性化和时尚感。通过调整花型的大小、旋转和平铺，可以使花型在这些元素上呈现出统一和协调的效果。

通过数字化编辑软件提供的工具和功能，设计师可以灵活地调整花型的大小、旋转和平铺，以满足不同服装设计的需求。

（二）调整颜色和透明度

根据设计需求，调整花型和印花的颜色和透明度，使其与服装设计的整体调色方案相协调。

1. 确定设计的整体调色方案

在开始调整花型和印花的颜色和透明度之前，需要明确设计的主题、风格和要表达的概念。了解服装设计的整体调色方案，包括主要颜色、配色方案和色彩比例，以便能够使花型和印花与之相协调。

2. 选择合适的颜色调整工具

数字化编辑软件通常提供各种颜色调整工具，如色相、饱和度、亮度、色彩平衡等。根据设计需求，选择合适的工具进行调整。

（1）调整花型和印花的整体颜色

使用颜色调整工具，可以直接调整花型和印花的整体颜色。可以更改花型中的主要色调，调整饱和度和亮度，以使其与整体调色方案相匹配。

（2）调整花型和印花的颜色组合

在服装设计中，常常需要将多个花型和印花组合在一起。通过调整每个花型和印花的颜色，使它们在组合时呈现出和谐和统一的效果。可以尝试不同的颜色组合，调整每个花型的颜色和透明度，以找到最适合的组合方案。

（3）调整花型和印花的透明度

透明度的调整可以为花型和印花增加层次感和深度感。可以根据设计需求，逐步调整花型和印花的透明度，以使其在服装设计中达到所需的视觉效果。通过透明度的调整，可以使花型和印花与服装的底色或其他元素融合在一起，创造出更加柔和流畅的效果。

3. 进行实时预览和调整

数字化编辑软件通常提供实时预览功能，可以即时查看调整后的效果。在调整颜色和透明度时，可以通过实时预览功能进行反复调整，以达到最理想的效果。

通过明确整体调色方案，选择合适的工具，调整整体颜色和颜色组合，并通过透明度调整增加层次感，设计师可以使花型和印花与服装设计的整体调色方案相协调。

（三）尺寸调整和平铺

根据服装设计的不同部位和尺寸要求，调整花型和印花的尺寸，并使用平铺功能将其重复应用到整个服装设计中。

1. 根据设计需求调整尺寸

根据服装设计的不同部位和尺寸要求，需要调整花型和印花的尺寸。数字化编辑软件通常提供了缩放和变换工具，可以根据实际需要将花型和印花进行放大或缩小。通过调整尺寸，使花型和印花在服装上呈现出适当的比例和大小。

2. 选择适当的平铺方式

平铺是指将花型和印花重复应用到整个服装设计中，以达到连续的图案效果。数字化编辑软件提供了不同的平铺功能，如镜像、平铺和路径平铺。根据设计要求和服装设计的不同部位，选择适当的平铺方式，以确保花型和印花在服装上的布局和分布效果符合预期。

（1）调整平铺的间距和布局

在应用平铺功能时，可以调整花型和印花之间的距离和布局。通过增加或减小间距，可以控制花型和印花之间的空隙，以达到平衡和统一的视觉效果。同时，根据服装设计的不同部位，可以调整花型和印花的布局，以使其在服装上呈现出合适的分布和形状。

（2）实时预览和调整

数字化编辑软件通常提供实时预览功能，可以即时查看调整后的效果。在调整尺寸和平铺时，可以通过实时预览功能进行反复调整和微调，以达到最佳的效果。观察花型和印花在服装上的布局和分布，根据需要进行微调和优化。

（3）应用到不同的服装设计元素

调整了花型和印花的尺寸和平铺后，可以将其应用到不同的服装设计元素上，如衣服、裙子、裤子等。根据每个元素的形状和设计要求，将花型和印花进行适当的布局和调整，以实现个性化和独特的效果。

通过运用这些方法和技巧，设计师可以根据服装设计的不同部位和尺寸要求，调整数字化花型和印花的尺寸，并使用平铺功能将其重复应用到整个服装设计中。这样可以保证花型和印花的尺寸调整和平铺的应用效果符合服装设计的需求，并使其在服装上达到统一、协调和吸引人的效果。

3. 数字化花型和印花的尺寸调整和平铺的应用

通过根据设计需求调整花型和印花的尺寸，并使用适当的平铺方式将其应用到服装设计中，有以下优点：

（1）个性化和独特性

通过调整花型和印花的尺寸和平铺方式，可以在服装设计中创造个性化和独特的图案效果。每件服装设计都可以具有独特的花型和印花布局，突出品牌特色和设计师的风格。

（2）适应不同部位和尺寸

服装设计的不同部位和尺寸要求不同。通过尺寸调整和平铺，可以确保花型和印花在不同部位和尺寸上的比例和分布合适，使整个服装设计看起来更加平衡和协调。

（3）连续性和连贯性

平铺功能可以将花型和印花连续应用到整个服装设计中，创造出连续的图案效果。这种连续性和连贯性可以增加服装的视觉吸引力和艺术感，使其更加精致和流畅。

（4）提高生产效率

数字化编辑软件提供的尺寸调整和平铺功能可以提高生产效率。设计师可以快速调整花型和印花的尺寸，并使用平铺功能将其应用到整个服装设计中，减少手动复制和粘贴的工作，节省时间和精力。

通过合理调整尺寸和平铺方式，可以创造出个性化、协调和连贯的图案效果，使服装设计更加独特、吸引人和专业。这种数字化资源的应用提高了设计效率，并为服装设计注入了创新和艺术的元素。

综上，通过数字化花型和印花的制作和应用，设计师可以更加灵活地探索和创作各种独特的图案和样式，为服装设计带来更多的创意和个性化。同时，数字化编辑工具的使用也提高了效率和准确性，加快了服装设计的流程，使设计师能够更快地将创意转化为实际的服装作品。

第二节　数字化图案和纹理的制作和应用

一、数字化图案和纹理的制作

（一）导入纹理素材

将纹理素材导入 CorelDRAW/Illustrator，可以使用软件提供的图像导入功能，或通过拖放操作将图像文件拖入编辑区域。

1. 准备好要导入的纹理素材文件

这既可以是自己创建的纹理图像，也可以是从外部来源获取的纹理素材。确保文件格式与 CorelDRAW 和 Illustrator 兼容，如常见的图像文件格式（JPEG、PNG 等）。

2. 在软件中打开或创建的服装设计文件

在 CorelDRAW 中，可以通过单击"文件"菜单，选择"打开"选项，并在弹出的对话框中选择要导入的纹理素材文件。在 Illustrator 中，可以通过单击"文件"菜单，选择"打开"选项，并在文件资源管理器中选择要导入的素材文件。

3. 在软件中找到导入工具或使用拖放操作来导入纹理素材

在 CorelDRAW 中，可以在"文件"菜单中选择"导入"选项，然后浏览并选择要导入的纹理素材文件。在 Illustrator 中，可以直接从文件资源管理器中将纹理素材文件拖放到编辑区域。

4. 根据设计需求和个人偏好，对导入的纹理素材进行调整和编辑

这既可以使用软件提供的绘图工具、变换工具和效果功能来修改纹理素材的大小、位置、颜色、透明度等属性，还可以使用图层管理工具将纹理素材放置在正确的图层，

并与其他设计元素进行组合和调整。

在导入纹理素材之后，记得保存设计文件，以便日后的编辑和应用。同时，可以根据需要随时导入其他纹理素材，并在设计中创造出独特而引人注目的效果。

通过这些步骤，设计师可以轻松地将纹理素材导入 CorelDRAW 和 Illustrator 中，并在服装设计中应用。这为服装设计师提供了更多的选择和创作灵感，使其作品更具个性和视觉吸引力。

（二）调整纹理尺寸和比例

根据设计需求，调整纹理的尺寸和比例，使其适应服装设计的要求。可以使用缩放工具或变换工具进行调整。

①选择想要调整尺寸和比例的纹理对象。这可以是已经导入设计文件中的纹理图像或已经创建的纹理图案。

②使用缩放工具或变换工具来调整纹理的尺寸。在 CorelDRAW 中，可以选择纹理对象并使用缩放工具（位于工具栏上的放大镜图标）来调整尺寸。在 Illustrator 中，可以选择纹理对象并使用缩放工具（位于工具栏上的放大镜图标）或直接输入所需的尺寸来调整尺寸。

如果想保持纹理的比例不变，可以按住【Shift】键（在 CorelDRAW 中）或【Alt】键（在 Illustrator 中）同时调整尺寸，这将锁定纹理的宽高比。

如果想非均匀地调整纹理的尺寸，可以使用变换工具。在 CorelDRAW 中，选择纹理对象并单击变换工具（位于工具栏上的箭头图标），然后按住【Ctrl】键的同时拖动鼠标来调整尺寸。在 Illustrator 中，选择纹理对象并使用自由变换工具（位于工具栏上的箭头图标）来非均匀地调整尺寸。

③根据设计需求，可以多次进行尺寸调整，直到达到理想的效果。还可以将纹理应用于不同的服装设计元素，并根据每个元素的尺寸进行个别调整。

④记得保存设计文件，以便日后的编辑和应用。如果想在不同尺寸或比例下使用同一纹理，建议将其保存为独立的图像或图案文件，以备将来使用。

通过以上步骤，可以轻松地在 CorelDRAW 和 Illustrator 中调整纹理的尺寸和比例，使其符合服装设计的要求。这样，可以根据具体的设计需求和创作灵感，精确地调整纹理的外观和尺寸，实现个性化的服装设计效果。

（三）调整纹理颜色和透明度

利用软件的调色工具和不透明度设置，调整纹理的颜色和透明度，使其与服装设计的整体调色方案相协调。

①选择想要调整颜色和透明度的纹理对象。这可以是已经导入设计文件中的纹理图像或已经创建的纹理图案。

②使用软件提供的调色工具来调整纹理的颜色。在 CorelDRAW 中，可以选择纹理对象并使用调色板工具（位于工具栏上的调色板图标）来选择新的颜色。可以从预设调色板中选择颜色，或使用色彩选择器自定义颜色。在 Illustrator 中，可以选择纹理对象并使用调色板工具（位于工具栏上的调色板图标）或直接在颜色面板中更改颜色值来调整颜色。

如果希望调整纹理的透明度，可以使用软件提供的不透明度设置。在 CorelDRAW 中，选择纹理对象并在属性栏中调整不透明度值。在 Illustrator 中，选择纹理对象并使用不透明度设置（位于属性面板中的不透明度选项）来调整透明度值。可以根据需要增加或减少纹理的透明度，使其与服装设计的整体调色方案相协调。

③根据设计需求，可以多次进行颜色和透明度的调整，直到达到理想的效果。还可以将不同颜色和透明度的纹理应用于不同的服装设计元素，以达到更多样化和个性化的效果。

④记得保存调整的设计文件，以便日后编辑和应用。如果希望在不同的设计项目中使用相同的纹理颜色和透明度设置，建议将其保存为独立的图像或图案文件，以备将来使用（图 7-1）。

图 7-1　数字化图案和纹理制作

二、应用数字化图案和纹理

（一）导入服装设计文件

将制作好的数字化图案和纹理导入服装设计文件中，可以使用软件提供的导入功能或复制到设计文件中。

①根据服装设计的需要，将数字化图案和纹理应用到具体的服装元素上，包括衣服、裙子、裤子、配饰等。通过选择相应的服装元素和导入的图案或纹理，将其放置在设计文件中的适当位置。

②调整图案和纹理的位置、大小和比例，以确保它们与服装元素的形状和尺寸相匹

配。使用变换工具、缩放工具和平移工具等功能，对图案和纹理进行必要的调整，以使其在服装上呈现出理想的效果。

③根据设计需求，进一步编辑图案和纹理的颜色及色彩效果。利用 CorelDRAW 或 Illustrator 提供的调色工具和滤镜效果，可以对图案和纹理进行颜色调整、光影效果和纹理增强等操作，以使其更好地融入服装设计的整体调色方案。

④对图案和纹理进行重复和平铺的处理，以实现更大范围的应用。利用 CorelDRAW 或 Illustrator 提供的图案平铺工具、复制和组合功能，可以将图案和纹理在服装上进行连续地重复和平铺，创造出独特而连贯的视觉效果。

⑤对图案和纹理进行最终的调整和优化。检查每个服装元素上的图案和纹理是否与整体设计一致，并确保其在不同尺寸和比例下的视觉效果都符合预期。根据需要进行微调和修改，直到达到满意的效果。

在整个过程中，务必保持与服装设计的整体风格和主题的一致性，并注意图案和纹理在不同服装元素之间的协调性。通过合理运用数字化图案和纹理的应用技巧，设计师可以为服装设计带来更多创新和个性化的元素，为服装注入独特的视觉魅力。

（二）调整尺寸和位置

根据服装设计的需要，调整图案和纹理的尺寸和位置，使其适应不同的设计元素，如上衣、裙子、裤子等。

①选择要调整尺寸和位置的图案或纹理。可以使用选择工具或直接单击来选中图案或纹理。

②使用缩放工具调整图案或纹理的尺寸。在软件工具栏中找到缩放工具，并单击图案或纹理进行调整。可以通过拖动缩放控制点来增大或缩小图案或纹理的大小。注意保持图案或纹理的比例，可以按住【Shift】键来保持纵横比例。

③使用平移工具调整图案或纹理的位置。在软件工具栏中找到平移工具，并单击图案或纹理进行调整。可以通过拖动图案或纹理来改变其位置。使用参考线或对齐工具来帮助精确地定位图案或纹理。

④还可以使用变换工具来同时调整图案或纹理的尺寸和位置。变换工具允许通过拖动控制点或输入具体数值来进行调整。可以选择缩放、旋转、倾斜或镜像等变换操作来达到所需的效果。

⑤根据设计需求，在不同的服装元素上调整图案或纹理的尺寸和位置。每个服装元素可能具有不同的形状和尺寸，因此需要逐个进行调整。使用相同的调整工具和方法，确保图案或纹理适应每个服装元素，并与整体设计保持协调。

在调整图案或纹理的尺寸和位置时，注意保持视觉平衡和比例。避免图案或纹理过大或过小，以及位置过于集中或分散，以免影响整体的视觉效果和比例感。

通过灵活运用 CorelDRAW 和 Illustrator 等软件提供的调整工具和方法，设计师可以精确地调整数字化图案和纹理的尺寸和位置，实现与服装设计要求相匹配的效果，为服装设计带来更多的创意和个性化。

（三）复制和平铺

使用复制和平铺功能，将图案和纹理重复应用到整个服装设计中，以创建连续的效果。可以根据需要调整重复的间距和排列方式。

①选择要复制和平铺的图案或纹理。可以使用选择工具或直接单击来选中图案或纹理。

②复制选中的图案或纹理。在软件的编辑菜单中，选择"复制"选项。也可以使用快捷键【Ctrl】+【C】进行复制。

③将复制的图案或纹理粘贴到所需的位置。在编辑菜单中，选择"粘贴"选项。也可以使用快捷键【Ctrl】+【V】进行粘贴。这样，就创建了一个副本。

④调整复制的图案或纹理的位置和间距。使用移动工具将图案或纹理移动到所需的位置。通过拖动或使用箭头键微调位置，确保图案或纹理与设计元素对齐。

⑤使用复制命令重复复制和粘贴图案或纹理，以创建更多的副本。可以多次执行复制和粘贴命令，根据需要创建所需数量的图案或纹理副本。

⑥使用平铺功能将复制的图案或纹理排列成所需的方式。在软件的对象菜单中，选择"平铺"选项。根据设计需求，可以选择不同的平铺模式，如平铺、阵列或网格，以创建所需的布局效果。调整平铺选项中的参数，如间距、角度和旋转，以获得理想的平铺效果。

在复制和平铺图案或纹理时，根据设计需求，可以使用不同的排列方式，如横向、纵向、对角线或随机排列，以实现多样化的效果。

通过灵活运用 CorelDRAW 和 Illustrator 等软件提供的复制和平铺功能，设计师可以快速创建连续的图案和纹理效果，并将其应用于服装设计中，增加视觉吸引力和个性化。

（四）调整透明度和混合模式

根据设计需求，调整图案和纹理的透明度和混合模式，以实现所需的视觉效果。可以通过调整图层的不透明度和应用不同的混合模式来达到理想的效果。

①选择要调整透明度和混合模式的图案或纹理。可以使用选择工具或直接单击来选

中图案或纹理。

②调整图案或纹理的透明度。在软件的属性栏或面板中，可以找到透明度选项。通过拖动滑块或手动输入数值，调整图案或纹理的透明度。透明度值为 0 表示完全透明，值为 100 表示完全不透明。

③应用混合模式。在软件的属性栏或图层面板中，可以找到混合模式选项。选择所需的混合模式，如正片叠底、屏幕、叠加、柔光等。每种混合模式都有不同的效果和影响方式。通过尝试不同的混合模式，找到与设计需求匹配的效果。

④调整透明度和混合模式的值。根据需要，可以尝试不同的透明度值和混合模式，以找到理想的视觉效果。通过反复调整和观察效果，调整透明度和混合模式，使图案或纹理与服装设计的整体风格和效果相协调。

⑤预览和调整效果。在编辑过程中，可以随时预览图案或纹理的透明度和混合模式效果。根据需要进行微调，直到达到满意的效果。可以通过不断地观察和比较，找到最佳的透明度和混合模式设置。

图 7-2　应用数字化图案和纹理

通过灵活运用 CorelDRAW 和 Illustrator 等软件提供的透明度和混合模式功能，设计师可以调整图案和纹理的外观和效果，实现所需的视觉效果。透明度和混合模式的调整可以使图案和纹理与服装设计整体风格相匹配，为服装增添视觉吸引力和独特性。

通过以上方法和步骤，设计师可以在 CorelDRAW 和 Illustrator 等数字化编辑软件中制作和应用精美、独特的数字化图案和纹理。这些数字化资源为服装设计提供了更多的创作可能性和个性化，为服装注入了新的生命和使其产生不同的视觉效果（图 7-2）。

第三节　数字化板型和样衣的管理和应用

在 CorelDRAW 和 Illustrator 等数字化编辑软件中，可以有效地管理和应用数字化板型和样衣，以支持服装设计的数字化过程。

一、数字化板型的创建

数字化板型的创建是服装设计数字化过程中的关键步骤。在 CorelDRAW 和 Illustrator 等软件中，以下是详细的创建数字化板型步骤：

（一）收集板型信息和参考资料

确定所需板型的类型，如上衣、裙子、裤子等，并收集相应的板型参考资料，如尺寸图、裁剪指示等。

获取实际板型的测量数据，并准备好实际板型图纸的扫描或导入文件。

（二）创建板型轮廓

打开 CorelDRAW 或 Illustrator 软件，然后创建新的文档。选择合适的画布尺寸，以便能够容纳板型的轮廓。

使用线条工具或形状工具，在文档中绘制板型的轮廓。根据实际板型或参考资料，按照所需的尺寸和比例绘制板型的主要线条和曲线。

根据板型的形状和设计要求，使用绘图工具来创建特定的细节，如缝线、剪裁线、扣子、拉链等。可以使用线条工具绘制直线和曲线，或使用形状工具创建特定形状的细节部分。

（三）调整和编辑板型细节

使用软件提供的编辑工具，如节点编辑工具或直接选择工具，对板型的轮廓和细节进行调整和编辑。可以调整曲线的形状和位置，改变线条的长度和弯曲度，以及修改细节的大小和位置。

根据实际板型或参考资料，添加和编辑板型的标记和指示，如剪裁指示、缝线样式等。使用文本工具或绘图工具来创建这些标记，并将其与板型轮廓结合起来。

（四）保存和管理数字化板型

定期保存数字化板型的文件，以防止意外数据丢失。使用合适的文件命名和文件夹结构，以便于管理和检索。

可以将数字化板型导出为常见的图像文件格式（如 JPEG 或 PNG），以便在其他软件或平台上使用。

通过这些步骤和技巧，设计师可以在 CorelDRAW 和 Illustrator 等软件中创建精确的数字化板型，并为后续的服装设计过程提供准确的参考和基础。数字化板型的创建使得设计师能够更加高效和精确地进行服装设计，并实现快速地修改和调整。

二、样衣的制作

样衣的制作是服装设计数字化过程中的重要环节，可以使用 CorelDRAW 和 Illustrator 等软件来完成。

（一）收集样衣设计信息和参考资料

确定样衣的类型和风格，如上衣、裙子、裤子等，并收集相应的样衣设计参考资料，如草图、照片或其他设计元素。

获取样衣的尺寸和规格，包括肩宽、胸围、腰围、臀围等，以便能够按照实际尺寸进行绘制。

（二）创建样衣的轮廓

打开 CorelDRAW 或 Illustrator 软件，并创建新的文档。选择合适的画布尺寸，以容纳样衣的轮廓和细节。

使用绘图工具和形状工具，在文档中根据实际尺寸或参考资料绘制样衣的轮廓。可以绘制基本的衣领、袖口、下摆等形状，并根据实际需求进行调整和编辑。

（三）添加样衣的细节

使用绘图工具和形状工具，在样衣的轮廓上添加图案、纹理、装饰等细节。可以使用绘图工具绘制自定义的图案或纹理，也可以使用填充工具添加颜色或纹理效果。

利用图案库中的预设图案，选择适合样衣设计的图案，并将其应用到相应的位置。可以调整图案的大小、旋转角度和重复模式，以达到所需的效果。

（四）调整和编辑样衣细节

使用软件提供的编辑工具，如节点编辑工具或直接选择工具，对样衣的轮廓和细节进行调整和编辑。可以调整线条的形状和位置，改变细节的大小和位置，以及修改图案的比例和重复模式。

根据设计需求，调整样衣的颜色、透明度和混合模式，以实现所需的视觉效果。利用软件提供的调色工具和效果设置，进行精细的调整和编辑。

数字化样衣制作使得设计师能够更加灵活和高效地进行样衣设计，并实现快速地修改和调整，为后续的服装制作提供准确的参考和基础。

三、数字化板型和样衣的管理

在 CorelDRAW 和 Illustrator 等软件中，对数字化板型和样衣进行管理是非常重要的，可以通过以下步骤来实现：

（一）创建文件夹和命名规则

在计算机上创建一个专门用于存储数字化板型和样衣的文件夹。可以按照项目、季节、款式等分类来组织文件夹。

为每个板型和样衣创建一个清晰明确的命名规则，以便能够轻松识别和查找。可以包括设计名称、日期、版本号等信息，以确保文件命名的一致性和易于管理。

（二）保存数字化板型和样衣

在 CorelDRAW 或 Illustrator 中，使用文件菜单中的"保存"或"另存为"功能，将数字化板型和样衣保存为单独的文件。在保存时，选择适当的文件格式，如 .CDR（CorelDRAW）或 .AI（Adobe Illustrator），以确保文件的兼容性和可编辑性。

（三）组织版本和变体

使用图层功能，将不同版本和变体的板型和样衣分别放置在不同的图层中。这样可以方便地切换和编辑不同的版本，同时保持文件的整洁和易于管理。

使用组功能，将相关的板型和样衣组合在一起。例如，可以将同一款式的不同尺寸或不同风格的样衣放置在同一个组中，以便快速浏览和选择。

（四）进行文件备份和版本控制

定期进行数字化板型和样衣文件的备份，以防止意外的数据丢失。可以将文件复制到外部存储设备或云存储服务中，确保数据的安全性和可恢复性。

对于大型项目或团队合作，建议使用版本控制工具，如 Git 或 SVN，以跟踪文件的修改历史和合并不同版本的修改。

通过合理的文件管理和组织，设计师可以更高效地管理数字化板型和样衣资源，提高工作效率并减少错误和混乱。这样可以确保设计师能够快速找到需要的板型和样衣，并在后续的服装制作和设计过程中保持一致性和准确性。

四、数字化板型和样衣的应用

（一）将数字化板型和样衣导入服装设计文件中

在 CorelDRAW 或 Illustrator 中，使用文件菜单中的"导入"或"打开"功能，选择要导入的数字化板型和样衣文件。

根据需要，可以使用软件提供的导入选项进行调整和设置，例如选择导入的页面、图层等。

（二）调整板型和样衣的大小及比例

使用选择工具选中板型或样衣，然后使用变换工具（如缩放工具）进行调整。

可以通过拖拽边缘或角点来调整大小，或者在变换工具的属性面板中手动输入具体的尺寸数值。

根据服装设计的需要，确保板型和样衣的比例和尺寸与设计要求一致。

（三）在设计文件中布局板型和样衣

使用移动工具将板型和样衣拖放到设计文件的合适位置。可以使用对齐和分布工具，确保板型和样衣的对齐和间距符合设计要求。

如果需要，可以使用图层面板来管理不同元素的层次结构，以便更好地控制板型和样衣的叠放顺序。

根据设计需求，可以对板型和样衣进行复制和粘贴，并进行调整和变形，以创建多个不同的设计元素。

（四）通过数字化板型和样衣的管理和应用

提高设计的工作效率，可以快速导入和调整板型和样衣，减少手工绘制和调整的时间和工作量。

实现快速地修改和调整，可以根据设计要求进行板型和样衣的大小、比例、布局等调整，方便进行样衣的修改和样板制作。

促进设计团队之间的协作和沟通，可以共享和交流数字化板型和样衣文件，提供更清晰的设计参考和指导，避免误解和不一致。

通过数字化板型和样衣的应用，设计师可以更加高效地进行服装设计，并实现快速地修改和调整。数字化板型和样衣的使用还可以促进设计团队之间的协作和沟通，提高设计效率和准确性，为服装设计过程带来更多的便利和灵活性。

 思考题

1. 数字化花型和印花在服装设计中的应用有哪些？请列举一些常见的应用场景，并解释数字化制作花型和印花的基本原理和技巧。

2. 数字化图案和纹理可以为服装设计增添独特的视觉效果和质感。在数字化制作图案和纹理时，有哪些工具和技巧可供设计师使用？请举例说明它们的应用。

3. 数字化板型和样衣的管理对于服装设计和生产过程的效率和准确性非常重要。在数字化管理板型和样衣时，有哪些工具和方法可用于管理和应用？请具体描述。

4. 数字化资源的应用需要设计师具备哪些技能和知识？请列举并解释这些技能和知识对数字化资源应用的重要性。

5. 在数字化资源的应用过程中，如何保证资源的质量和版权的合法性？请分享一些关于资源选择和使用的实用建议和注意事项。

第八章　数字化服装设计的实践案例

第一节　数字化服装设计的应用案例分析

在传统戏曲艺术与现代时尚设计的交汇处，数字化技术为传统戏曲服饰在现代礼服设计中的应用提供了新的可能性。通过数字化工具，设计师可以将传统戏曲元素与现代礼服进行融合，创造出独特而又充满艺术感的服饰作品。以下案例分析，介绍了数字化在传统戏曲服饰在现代礼服设计中的应用。

一、传统戏曲服饰设计元素的现代表达

（一）传统美学与现代审美

①传统戏曲服饰美在色彩的浓墨重彩和饱满。在现代礼服设计中，设计师可以借鉴传统戏曲服饰的色彩特点，并结合现代审美趋势进行调整。通过数字化工具，如CorelDRAW或Illustrator，设计师可以调整色彩的饱和度、明度和对比度，以使色彩更加柔和、现代化。设计师可以选择低饱和度的配色方案，以创造出现代感和高雅的效果。

②传统戏曲服饰的形制沿袭了传统民族服饰的特点，是基于平面剪裁而成的宽大、模糊身材线条的服饰。然而，在现代礼服设计中，立体剪裁和体现人体曲线的特点更为重要。设计师可以使用数字化工具来绘制现代礼服的板型，通过绘制曲线和调整尺寸，使服装能够更好地贴合身体曲线，展现女性的优美身形。

③传统戏曲服饰的纹样和图案分布与相应的角色和身份有严格的对应关系。在现代服装设计中，图案设计更注重视觉效果和装饰性，相对缺乏传统服饰中寓意和历史文化的象征。然而，设计师可以通过数字化工具在现代礼服中融入一些传统戏曲元素的图案和纹样，以增加服装的独特性和艺术感。设计师可以使用CorelDRAW或Illustrator的绘图工具和图案库，或者导入自定义的传统戏曲元素图案，将其应用于现代礼服设计中，并

根据需要进行调整和编辑。

④传统戏曲服饰与现代礼服设计之间的交融与创新空间是极大的。传统美学思想与现代设计、审美之间的区别使得设计师在数字化工具的支持下能够更加灵活地进行创作和设计。通过数字化工具的应用，设计师可以平衡传统美学与现代审美，将传统戏曲服饰元素与现代礼服的风格和特点相结合，创造出独特而具有现代感的服装设计作品。

通过 CorelDRAW 或 Illustrator 等软件，设计师可以调整继续应用数字化工具，在传统戏曲服饰与现代礼服设计中实现传统美学与现代审美的平衡。

（二）传统美学与现代工艺

数字化工具在传统戏曲服饰与现代礼服设计中的应用，能够将传统美学与现代工艺相结合，打破传统与现代的界限。传统戏曲服饰的纹样设计注重以自然界花鸟虫鱼与民族图腾为创作主体，采用写实的绘画和写意的表达。而现代服饰的纹样设计则更加多样化，融合了跳脱现实生活的元素和天马行空的想象，涵盖了东西方各种绘画艺术手法，以及拼贴、变形、平面化等多种创作形式。

在数字化服装设计中，传统戏曲服饰所采用的面料如绸缎、纱等，展现了华丽色彩和纹样，同时也增强了服饰的可舞性和流动感。现代纺织面料具有多功能性，既能保留传统戏曲服饰面料的质感，又能改善其容易勾丝、褶皱和变形等问题，同时减轻了演员佩戴头饰和配饰时的身体压力。

传统戏曲服饰的纹样设计体现了对历史文化和寓意的表达，而现代设计工艺和技术则为传统戏曲纹样提供了新型的表达方式。传统戏曲服饰通过现代设计手法与制作工艺展现出视觉与形态上的创新。通过数字化工具，设计师可以将传统戏曲服饰的纹样进行数字化处理，调整和编辑纹样的颜色、形状和细节，使其更符合现代审美趋势。

数字化工具如 CorelDRAW 或 Illustrator 能够帮助设计师实现纹样的创新和再设计。设计师可以通过数字化工具的绘图和编辑功能，将传统戏曲服饰的纹样与现代礼服设计相结合，创造出独特且富有现代感的视觉效果。设计师还可以利用数字化工具模拟传统纹样的质感，同时解决面料勾丝、褶皱和变形等问题，提高服装的质量和舒适度。

二、传统戏曲服饰设计元素的应用方式

（一）解构与重构

通过 CorelDRAW 或 Illustrator 等数字化工具，在数字化服装设计中应用传统戏曲服饰

的设计元素，可以采用解构与重构的方式，既保留了原有的艺术美感，又融入了现代审美意味。

解构与重构的方法可以使传统戏曲服饰的设计元素更加具有创新性。例如，传统戏曲服饰中常见的团花纹样，通常以圆形的轮廓寓意美满和顺遂，并出现在胸口、肩臂、裙摆等位置。然而，在现代服装设计中，这些圆形团花类图案并不受这些规则的约束。设计师可以通过解构的方法，割裂和拼接图案，使其不对称的印花定位，创造出多边形状的图案造型。这种创新的设计方式打破了传统规则，突破了原有的轮廓和组合方式。

解构主义在传统戏曲服饰纹样元素的创新应用过程中，不仅是对外形的解构，还涉及单一图案轮廓和多个图案组合方式的重构与创新设计。通过解构与重构的方法，设计师能够打破原有的设计模式，将新与旧进行融合重组。这种方式不仅是创新的渠道，也是将新与旧进行融合重组的最直接方式。

在数字化服装设计中，设计师可以利用数字化工具绘制和编辑图案，进行解构和重构的设计。通过拆分和重新组合传统戏曲服饰的图案元素，设计师能够创造出独特而具有现代感的设计作品。设计师可以灵活运用数字化工具中的绘图和编辑功能，调整图案的形状、大小和位置，实现解构与重构的设计效果。

通过 CorelDRAW 或 Illustrator 等数字化工具，在数字化服装设计中应用传统戏曲服饰的设计元素时，可以采用解构与重构的方式，在保留其原有的艺术美感的基础上融入现代审美意味。解构与重构不仅是对外形的创造，还涉及单一图案轮廓和多个图案组合方式的重构与创新设计，为传统戏曲服饰带来了新的表达形式和时尚魅力。解构与重构不仅是打破原有设计模式的渠道，也是将新与旧进行融合重组的最直接方式，图 8-1 所示为服装设计中解构主义案例。

图 8-1　解构主义在服装设计中的应用案例

（二）色彩对比与极简的平衡

传统戏曲服饰设计中最常见的特点之一是强烈的色彩对比，但这种夸张而热烈的视觉效果与现代审美不相符，因此需要对色彩进行极简化处理。

极简风格的设计手法不仅在装饰的运用上体现出简约的特点，同时也在色彩的选择上遵循同色系、低饱和、色彩尽可能少的原则。为了达到传统戏曲服饰色彩元素的创新设计应用中的平衡，可以选择少量较为鲜亮的色彩作为纹样的点缀，而服装的底色则以低饱和、纯色为主。这样的设计方式既展现出高级和大气的感觉，又能够呈现纹样的精致质感。

通过 CorelDRAW/Illustrator 等数字化工具，设计师可以灵活调整传统戏曲服饰的色彩元素，实现色彩对比与极简的平衡。可以选择合适的色彩方案，将少量鲜亮的色彩与低饱和的底色相结合，以展现传统戏曲服饰的特色，同时符合现代审美的要求。

通过极简化处理，将传统戏曲服饰的色彩元素与现代审美相结合，设计师可以创造出独特而富有现代感的服装作品。借助数字化工具的运用，设计师能够更加灵活地调整色彩，实现色彩对比与极简的平衡，为传统戏曲服饰注入新的视觉魅力，图 8-2 所示为服装设计中极简配色设计案例。

图 8-2　极简设计在服装设计中的应用案例

（三）款式结构的保留与再塑

传统戏曲服饰的特点是基于平面剪裁的宽大形状，但在现代设计中，可以通过立体剪裁的方式保持服装与人体的贴合度，并利用剪裁和拼接的手法创造层叠的视觉效果。

传统戏曲服饰通常由多件服饰、头饰、配饰和盔甲等组成，呈现出层次感。在数字化服装设计中，设计师可以运用立体剪裁的技术，使服装更加符合人体曲线的特点，同时保持服装表面的平整和自然弧度。通过剪裁和拼接的方式，可以营造出传统戏曲服饰中叠穿状态下的层次感。

数字化工具如CorelDRAW/Illustrator提供了丰富的绘图和设计功能，使设计师能够精确地塑造传统戏曲服饰的款式结构。通过立体剪裁的技术，设计师可以创造出宽肩、挺括的身形，同时通过简化腰带束腰的造型，以收省和转省的方式替代传统的缎带和腰带，展现出戏曲演员穿着传统戏曲服饰时的姿态和气势。这种保留和再塑的设计手法不仅体现了传统戏曲服饰的美感，也与现代设计手法相互融合，创造出独特的视觉效果。

通过立体剪裁塑造出的传统戏曲服饰中利用胖袄才能得到的宽肩、挺括身形，通过收省、转省的方式替代缎带、腰带束腰的造型，既是展现戏曲演员穿着传统戏曲服饰时的身姿与气势，也是传统戏曲服饰美感与现代设计手法交相互融合的成果（图8-3）。

图8-3　款式结构的保留与再塑在服装设计中的应用案例

三、传统戏曲服饰设计元素的内涵体现

①在款式设计上，传统戏曲服饰保留了传统的民族服饰形制，并根据不同角色和形象展现出戏曲演员精气神十足、活灵活现的特点。通过创新设计，可以将传统戏曲服饰的结构元素与角色形象相结合，呈现出正气、挺括、窈窕、秀气、严谨、端庄等不同的特点。

②在色彩上，传统戏曲服饰广泛运用五色，并善用对比和调和的手法，以保持整体服饰的统一性和协调感。色彩在传统戏曲服饰中起到重要的视觉元素作用，能够立即传达服饰的风格和气质，通过恰当运用正色，可以展现传统戏曲服饰的华丽特点，并突出

视觉中心和亮点。

③纹样和刺绣是传统戏曲服饰中的重要元素，代表了民俗内涵和民间手工技艺。纹样和刺绣的设计不仅是符号和图案，更是历史文化的传承与延续。在创新设计过程中，需要关注其美学表现力，并与内在寓意保持一致性和协调性。

在数字化服装设计中，借助 CorelDRAW/Illustrator 等工具，设计师可以更好地运用传统戏曲服饰设计元素，传达其丰富的文化内涵。通过深入研究传统戏曲服饰的历史与形制，设计师能够更好地理解其美感和民族文化特色，并将其融入现代艺术表达中。在创新设计中，设计师需要在保留传统美学的基础上寻找现代化的艺术表达方式，以实现传统与现代、保留与创新之间的平衡。

四、传统戏曲服饰数字化设计应用

（一）平面效果图及设计思路

图 8-4 所示为本案例的创新设计效果图，设计灵感来源于传统戏曲服饰中的旦角形象。在本案例中，设计师借鉴了传统戏曲服饰中的旦角形象，通过数字化服装设计工具（如 CorelDRAW/Illustrator）创建了一个创新的设计效果图。该设计旨在展现旦角的特色与魅力，并与现代社会中的优秀女性形象相结合。

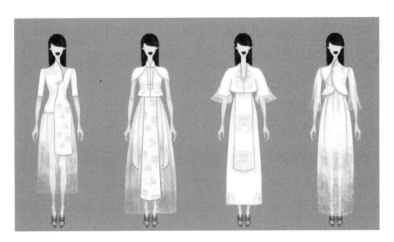

图 8-4　创新设计效果图及纹样设计效果图

设计效果图中的服装以传统戏曲服饰为灵感，呈现出华丽而精致的外观。在款式设计上，设计师保留了传统戏曲服饰的宽大、模糊身材线条的特点，同时通过立体剪裁的方式使服装更贴合人体曲线，并展现出现代女性的优雅与魅力。

在色彩选择上，设计师运用了传统戏曲服饰中常见的五色，并采用了对比与调和的手法，以保持整体服装的统一性和协调感。这种色彩搭配既展现了传统戏曲服饰的华丽特点，又与现代审美趋势相符合。

纹样和刺绣作为传统戏曲服饰的重要元素，在设计效果图中得到了巧妙地运用。设计师选择了传统戏曲纹样中常见的团花图案，通过数字化工具的描绘和编辑，使其更加精细和生动。这些纹样的运用不仅突出了传统戏曲服饰的历史文化内涵，也为设计增添了独特的艺术氛围。

设计思路上，设计师既保留了传统戏曲服饰的特点和魅力，又将其与现代社会中优秀女性的形象相融合，以传达女性自信、优雅和魅力的精神。通过数字化服装设计工具的应用，设计师能够更加灵活地表达和展示设计概念，使创意更加直观和可行。

通过以上的设计手法，本系列礼服成功地将传统戏曲服饰的设计元素应用到现代数字化服装设计中，既保留了传统服饰的特点与魅力，又展现了现代时尚的审美趋势。设计师的创意与技艺结合，使得传统戏曲服饰在数字化服装设计中焕发出新的生机与魅力。这种创新的设计方式不仅推动了传统文化的传承与发展，也丰富了现代服装设计的创作空间。

（二）CLO3D 效果展示

图 8-5 所示案例运用了 CLO3D 软件进行模拟体穿着的过程。通过将数字化制板文件导入 CLO3D 中，设计师可以进行面料安排、缝合、调节等技术性操作，完成数字化的建模过程。CLO3D 的应用使得设计师能够在计算机中直观地模拟现实中缝合和模特穿着效果，极大地减少了手绘制板、手工制作白坯、手工调整款式等工序所需的时间和精力。通过数字化建模，传统戏曲服饰的设计过程变得更加高效和精确。

除了数字化建模外，通过数字化绘图和制板以及 CLO3D 的应用，还能够丰富传统戏曲服饰的设计资源。数字化的设计制作方式取代了传统的纸质绘图和制板工作，实现了设计文件的云端备份和交互。随着科技的发展和进步，数字化在服装设计领域的应用逐渐成为主流。数字化不仅用于对传统文物的留存和复刻，还能在创新、生产、展示、传播等方面发挥重要作用。

图 8-6 所示案例中的创新设计通过 CLO3D 实现了成衣渲染效果的展示。经过渲染的服装能够在面料质感、刺绣质感、光影效果、褶皱与垂坠感等方面展现出更加真实和立体的效果。这种数字化的渲染方式使设计师能够更好地呈现服装的细节和特色，使观者能够更直观地感受到服装的质感和造型。

CorelDRAW/Illustrator 背景下的数字化服装设计在本案例中通过 CLO3D 的应用展示了对传统戏曲服饰设计元素的创新应用。数字化建模和渲染技术使设计师能够更快速、准确地实现创意地表达，并且能够更好地展示服装的设计效果。数字化的应用不仅提高了设计效率，还为传统戏曲服饰的创新与发展带来了新的可能性。

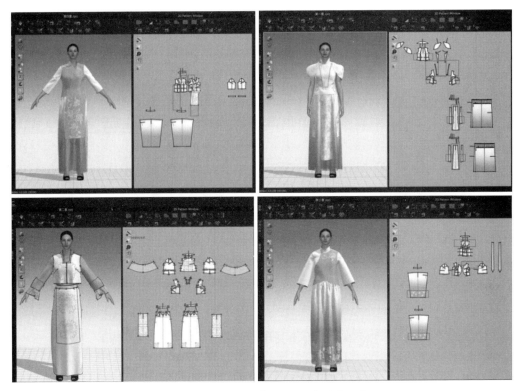

图 8-5　系列创新设计在 CLO3D 中的应用过程

图 8-6 所示为系列创新设计的成衣渲染效果图（正面、侧面、背面及细节图），经过渲染的服装能够在面料质感、刺绣质感、光影效果、褶皱与垂坠感各方面展现出更为真实与立体的效果。

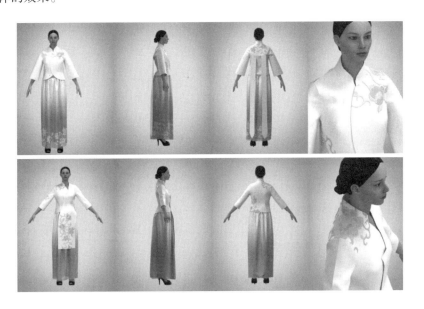

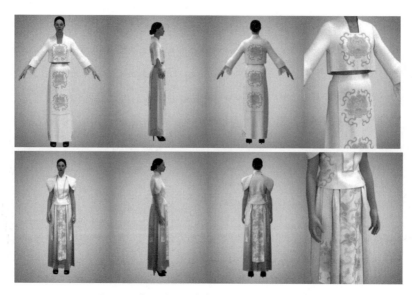

图 8-6　系列创新设计在 CLO3D 中的渲染效果

第二节　服装配饰的绘制及编辑案例分析

每个人都有自己的气质外貌，有不同的身材、不同的身份，所以所选择的配饰也不尽相同，要很好地把握自己的特点去选择配饰，凸显自己的个性和品位。

一、包

包是日常生活中必不可少的服装配饰，它的体积、外观，直接影响到我们着装的整体效果，体型高大的人，不适合背体积过小的包，会显得小气。相反，体型比较矮小的人不适合背大包，会显得笨拙。包袋的色彩、风格还要与服装协调统一，可以采用类似色，也可以采用对比色。以"花·木兰"包袋产品设计为例，通过选择适合的形状、材质和色彩，并添加花卉图案和装饰，以展现主题和提升设计的独特性。同时，要注意细节处理和功能性考虑，确保设计与时尚潮流和人体工程学相结合。最后，通过渲染和呈现，将设计作品展示出来，呈现出整体效果。

（一）灵感来源与设计构思

在 CorelDRAW/Illustrator 软件中设计"花·木兰"包袋产品时，灵感来源于中国古代传说中的巾帼英雄花木兰的故事与感悟。这个系列的包袋旨在表达生活中拼搏在都市职场的女孩，就像当代的花木兰一样，外表看似柔弱但内心坚韧，具有无限能量，勇敢地面对挑战。

设计构思中，包袋从"花之柔"与"木兰之韧"的角度出发。一方面，"花之柔"代表女性的柔美与细腻，可以通过花卉图案、花朵装饰等来体现。这些元素可以使用CorelDRAW/Illustrator等软件来绘制和设计，以呈现出精致而优雅的效果。

另一方面，"木兰之韧"体现了女孩们坚韧不拔的品质和独立自主的精神。在包袋的设计中，可以运用坚固的材质和结构，以及简洁而有力的线条和形状，来呈现出坚毅和力量的感觉。此外，可以考虑添加一些寓意深刻的图案或标志，如剑的图案或象征力量的图案，来增加包袋设计的独特性。

同时，设计过程中要注重包袋的实用性和便携性。通过合理的包袋结构和功能性的细节设计，使包袋能够满足女孩们日常生活中的需求，方便携带和使用。

在CorelDRAW/Illustrator等软件中，可以利用各种工具和效果，如渐变、阴影、图案填充等，来营造出丰富多样的视觉效果。同时，也可以运用颜色搭配和配饰装饰等元素，使设计作品更加生动、吸引人。

"花·木兰"包袋产品的设计灵感源于花木兰的传说，通过"花之柔"与"木兰之韧"的构思，打造出适合都市成长中女孩的自信、轻便和独特的包袋。在设计过程中，合理运用CorelDRAW/Illustrator等软件的工具和效果，注重实用性和视觉效果的呈现，使设计作品能够传达出女孩们勇敢、独立和时尚的个性。

（二）作品设计方案

设计效果图如图8-7所示，视觉效果图如图8-8所示。

图8-7　设计效果图

图 8-8 视觉效果图

1. 灵感来源与元素展现

案例灵感取自具有淡雅、高洁气质的中国传统名花兰花，"气如兰兮长不改，心若兰兮终不移"，中国兰的柔与韧交融，恰似当代独立女性的形象映射。本系列从自然生长状态的兰花与中国工笔画中的兰形象中提取其花瓣与经络形态，进行线条形态几何化的简化设计提炼与形状组合，体现"均衡的不对称"视觉感；通过基本单元形态的叠加与错位设计，营造半立体的包袋造型，更具灵动感与空间感。

2. 设计探索与制作过程

结合品牌风格与产品定位，从结构功能角度，选定日常生活使用度较高、方便携带的中小型硬结构，全系列包含手提包、斜挎包、挂颈包等五种尺寸与结构，并特殊设计可拆卸"方圆"交错型肩带单元，可以进行组合与拆分，作为肩带、腰带、手环等多形式使用或装饰；从色彩风格角度，选定中国传统"五色观"中互为阴阳且在现代日常着装中搭配度较高的黑、白作为主色彩，趋势性太空银作为点缀色彩，打造具有"仙酷"感的风格；从工艺材质角度，选用具有一定防水、防潮、耐弯折性能的环保超纤 PU 材质作为主材质，光滑的珠光纹理与镀膜镜面纹理形成材质的交错碰撞，使半立体的交错形态更加具有张力。系列一部分制作过程如图 8-9 所示，系列一成品多种使用方式如表 8-1 所示。

| （a）打板 | （b）下料 | （c）胶黏 |

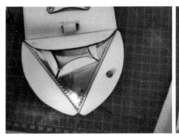

（d）主部件 （e）主部件组合 （f）肩带部件制作

图 8-9 系列一部分制作过程

表 8-1 系列一成品多种使用方式示意表

包袋图示	多种使用方式图示	
作品 1	手提（可拆卸调节）使用	斜挎使用
作品 2	手挽使用	手提使用
作品 3	单肩（可拆卸调节）使用	
作品 4	单肩挎使用	单肩背着使用
作品 5	组合腰包使用	组合单肩背使用
	组合挂颈包使用	拆分手提包使用

二、扣饰

在服装设计中，扣饰是一种常见的装饰元素。在 CorelDRAW/Illustrator 背景下，设计师可以运用扣饰来增加服装的装饰性和独特性。这些扣饰通常采用纯银和半宝石材质制作，并采用传统的纽扣式开合方式。在造型设计上，一些传统的对称式被摒弃，运用了一些不规则元素，以展现出现代的设计风格。

然而，在设计过程中，仅效仿和复古并不能真正理解扣饰背后的文化精髓。传承与创新应该包含更多的内容，需要将这种艺术形式背后的文化内涵移植到当代。然而，解读过去人的意识存在巨大的时间、空间差距，生活习惯、社会经济发展水平、社会等级与分工等都已经发生了变化。因此，将古代的扣饰应用到现代设计中存在一定的难度。

传统饰品的装饰性是不变的，每个时代都有一群爱美的女性。只是每个时代的审美标准不同。如今，如果我们想要将古为今用，需要搭配个人的气质与服装，并考虑是否适合现代的生活节奏和使用方式。

在 CorelDRAW/Illustrator 中，设计师可以通过制作过程来创造出独特的扣饰设计。图 8-10~ 图 8-13 展示了一些制作过程和成品的示例，设计师可以借鉴这些示例来进行创作。通过合理运用颜色、材质和纹理等元素，可以创造出各种风格的扣饰，使其与服装完美融合，展现出个性和时尚。

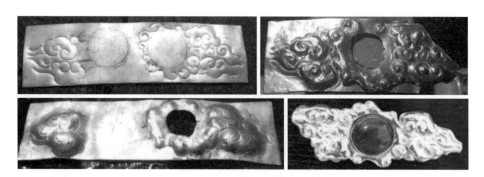

图 8-10　银质揿扣制作过程及成品

在银片上将绘制好的图案进行錾花工艺处理使其表面呈现浮雕效果，然后锯下来备用，再焊接、打磨、抛光、镶嵌宝石。

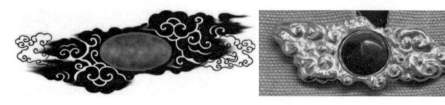

图 8-11　服装装饰扣设计及成品（1）

图 8-12　服装装饰扣设计及成品（2）　　　　图 8-13　服装装饰扣设计及成品（3）

总之，扣饰在服装设计中具有重要的作用，不仅可以增加服装的装饰性，还可以展示出个人的品位和风格。在数字化的设计软件下，利用 CorelDRAW、Illustrator 等工具，设计师可以创造出独特而精美的扣饰设计，使其成为服装设计中的亮点和焦点。

第三节　数字化服装设计的实践方法和经验总结

数字化服装设计是利用 CorelDRAW、Illustrator 等软件进行服装设计和编辑的过程。以下是数字化服装设计的实践方法和经验总结。

一、熟练掌握设计软件

熟练掌握 CorelDRAW、Illustrator 等设计软件的基本操作和功能，包括绘图工具、形状工具、填充工具、描边工具等。了解软件的快捷键和常用功能，可以提高工作效率。

（一）学习软件基础知识

数字化服装设计的第一步是熟悉设计软件的基础知识。学习软件的界面布局、工具栏、面板和菜单等，了解每个工具和功能的作用。掌握基本的绘图技巧、图层管理、颜色和样式的应用等。

（二）熟悉绘图工具

掌握软件中的绘图工具，如画笔工具、钢笔工具、形状工具等。了解它们的不同应

189

用场景和操作方式，例如使用画笔工具绘制自由曲线，使用形状工具创建几何形状。

（三）掌握编辑工具

了解编辑工具的使用方法，如选择工具、变换工具、剪切工具等。掌握如何选择、移动、旋转、缩放和变换对象的尺寸和形状。

（四）了解填充和描边工具

数字化服装设计中，填充和描边工具非常重要。掌握如何使用填充工具为服装和配饰添加颜色、渐变和纹理。了解描边工具的设置和属性，可以定义服装元素的边缘线条和描边效果。

（五）学习图层管理技巧

图层管理是数字化服装设计的关键。了解如何创建、重命名、组织和控制图层的可见性和顺序。学会使用图层蒙版和不透明度设置，以实现图层间的遮罩和混合效果。

（六）学习路径和形状修饰工具

了解如何使用路径工具和形状修饰工具进行精确的路径调整和形状编辑。学会如何创建曲线、调整曲线的锚点和控制柄，以及如何使用形状修饰工具添加和删除路径的部分。

（七）掌握文本处理技巧

数字化服装设计中，文本处理是不可忽视的一部分。学习如何创建、编辑和应用文本，掌握文本工具的基本操作，如选择字体、字号、对齐方式等。了解如何将文本与路径结合，以达到沿着曲线排列的文本效果。

（八）学习效果和滤镜的应用

掌握软件中的效果和滤镜功能，如阴影效果、模糊效果、光晕效果等。了解如何通过应用这些效果和滤镜来增强服装配饰的视觉效果。

（九）掌握数字化绘图技巧

数字化服装设计需要掌握一些绘图技巧，如使用绘图板和数学运算绘制对称图案，利用网格和参考线进行精确绘制，使用修饰工具增加细节和纹理等。

（十）实践和探索创新

通过不断实践和探索，发掘新的技巧和创新方法。尝试不同的绘图风格、色彩组合和图案设计，挑战自己的创造力和想象力。

（十一）与其他设计师交流和学习

参与数字化服装设计的社区和论坛，与其他设计师交流和学习。分享自己的作品和经验，向他人请教问题，从他人的作品中获取灵感和启发。

（十二）素材和资源的应用

利用在线素材库、插件和模板等资源，丰富数字化服装设计的元素和效果。合理利用各类资源，可以节省时间和精力，提高设计的质量和效果。

（十三）持续学习和更新

数字化服装设计是一个不断进步的领域，设计师应保持学习和更新的态度。关注最新的软件版本和功能更新，学习新的技术和工具，以适应行业的发展和变化。

（十四）每个项目的反思和改进

每完成一个数字化服装设计项目后，进行反思和评估。回顾设计过程中的挑战和成功，总结经验教训，找出可以改进的地方，并应用到下一个项目中。

通过学习软件的基础知识和各项工具的使用方法，设计师可以提高工作效率、实现更精确的设计和编辑，并不断探索创新的设计方法和技巧。通过实践、与他人交流和持续学习，设计师可以不断提升自己的设计能力和专业水平。

二、寻找灵感和参考资料

在进行数字化服装设计之前，寻找灵感和参考资料是非常重要的。浏览时尚杂志、服装展览、设计网站等，了解最新的时尚趋势和设计风格，以及不同文化和艺术形式中的服装元素。

（一）时尚杂志和书籍

浏览时尚杂志和书籍，关注最新的时尚趋势、设计理念和流行元素。了解不同设计师的作品和品牌的发布，观察他们的设计风格和创新思维。时尚杂志中的编辑寄语和广告照片，以及设计师的采访和专栏文章都是获得灵感和了解最新趋势的宝贵资源。

（二）服装展览和时装周

参观服装展览和时装周，观察设计师的最新作品和时尚潮流。时装展览和时装周是行业内的重要事件，可以亲身感受服装的质地、剪裁和流行趋势。观察设计师如何将创意转化为现实，并了解他们对材质、色彩和细节的运用。

（三）设计网站和社交媒体

浏览设计网站、时尚博客和社交媒体平台，关注设计师、时尚博主和艺术家的账号，收集他们的作品和创意灵感。这些平台上的图片和图库可以帮助你了解不同设计风格、图案和色彩搭配。

（四）文化和艺术

研究不同文化和艺术形式中的服装元素，如传统民族服饰、古代艺术和当代艺术。了解不同文化的服装特点、纹样和色彩，将其融入数字化服装设计中。文化和艺术的多样性为设计师提供了丰富的创作灵感和设计元素。

（五）自然和环境

观察自然景观和环境中的色彩组合、纹理和形状，如花朵、树木、海洋和山脉。自然界是一个无尽的灵感源泉，从中汲取元素和灵感，可以为服装设计带来独特的质感和美感。将自然的色彩、形状和纹理转化为数字化服装设计中的图案和细节。

（六）艺术和设计展览

参观艺术和设计展览，如绘画、雕塑和时装设计展览。从不同艺术形式中汲取创意灵感，将艺术元素转化为数字化服装设计中的图案、色彩和结构。观察艺术家如何运用材质、构图和色彩表达创意，从中获得启发。

（七）街头时尚和个人风格

观察街头时尚和个人的穿着风格，关注不同人群的服装选择和搭配。街头时尚反映了时尚潮流和个体表达，观察他们的穿着风格、色彩组合和细节处理，可以为数字化服装设计带来新颖和个性化的灵感。

（八）社会和文化趋势

关注社会和文化趋势，了解当下的社会问题、文化变革和价值观转变。社会和文化因素对服装设计产生影响，通过关注社会话题和文化现象，设计师可以将这些元素融入数字化服装设计中，传递特定的信息和态度。

（九）实地调研和旅行

通过实地调研和旅行，了解不同地区的服装风格、传统文化和手工艺技巧。亲身体验当地的文化氛围和服饰特色，观察本土设计师和工匠的作品，从中获取灵感和创意。

（十）学术研究和案例分析

进行学术研究和案例分析，了解历史上的服装设计和当代的创新实践。阅读学术论文、设计专著和研究报告，了解不同设计理论和方法，以及成功案例的设计思路和技巧。

通过广泛地观察、调研和学习，可以收集大量的视觉和文化资源，激发设计师创作灵感，并将其转化为数字化服装设计中的创意和创新。同时，保持开放的思维和好奇心，不断挑战自己，将不同的灵感元素融合，创造出独特且有影响力的数字化服装设计作品。

三、利用样式和图案库

利用样式和图案库可以节省时间和劳动力。创建和保存常用的样式和图案，可以在不同设计中重复使用，提高设计的一致性和效率。

（一）创建和保存样式

在 CorelDRAW 和 Illustrator 中，可以通过创建和保存样式来快速应用一致的效果和属性。例如，设计师可以创建各种边框、阴影、填充和描边效果，并将其保存为样式，以便在需要时方便地应用于服装配饰的设计中。通过保存样式，设计师可以确保设计中使用的相似元素具有统一的外观和风格。

（二）利用图案库

图案库是存储和管理图案和纹理的库集合。设计师可以创建自己的图案库，将常用的图案和纹理保存其中，并在设计中重复使用。这样，无论是花纹、纹理还是其他装饰性元素，设计师都可以快速访问和应用，节省时间和劳动力。同时，设计师也可以从网络上下载和导入其他设计师共享的图案库，拓宽自己的设计资源。

（三）组织和命名

在利用样式和图案库时，建议进行组织和命名，以方便快速定位和使用。设计师可以根据不同的设计元素、风格或主题来组织样式和图案，并为每个样式和图案分配清晰的名称。这样，当需要使用特定样式或图案时，设计师可以快速找到并应用于设计中。

（四）自定义样式和图案

除了使用预设的样式和图案库，设计师还可以根据需要自定义和调整。通过修改现有的样式和图案，或者创建全新的样式和图案，设计师可以满足具体的设计需求，让服装配饰更加个性化和独特。

（五）更新和调整

随着设计的进行，设计师可能需要对样式和图案进行更新和调整。保持样式和图案库的更新，并随时调整其中的元素，以适应时尚趋势和设计要求的变化。通过持续地维护和改进样式和图案库，设计师可以确保在每个设计中使用的样式和图案都是最新的和最适合的。

（六）共享和交流

样式和图案库不仅可以用于个人设计，还可以与团队或其他设计师共享和交流。通过共享设计师的样式和图案库，设计师可以促进团队合作和设计沟通，并从其他人的经验中汲取灵感和创意。

最后，利用样式和图案库是数字化服装设计中的重要实践方法之一，它能够提高工作效率、保持设计的一致性，并为你的创意提供更多的选择和可能性。通过不断地优化和更新样式和图案库，设计师可以为每个设计项目带来更加专业和个性化的服装配饰。

四、进行虚拟模特试穿

利用虚拟模特功能，将设计的服装应用到模特身上，观察效果并进行调整。这可以帮助设计师更好地理解服装的比例、形状和风格，确保服装的舒适性和可穿性。

（一）使用虚拟模特工具

CorelDRAW 和 Illustrator 等软件通常提供了虚拟模特功能，可以将设计的服装应用到模特的虚拟身上。通过选择适合的模特体型和尺寸，你可以在虚拟环境中展示服装的外观和效果。

（二）导入服装设计

将你的服装设计导入到虚拟模特工具中，确保服装的准确性和一致性。这可以是服装的矢量图形或数字化模型文件，具体取决于你使用的工具和软件。

（三）调整服装的比例和形状

根据虚拟模特的体型和尺寸，调整服装的比例和形状，以使其与实际人体相符合。这可能涉及调整衣领、袖口、腰线等部位的位置和大小，以确保服装的舒适性和视觉效果。

（四）观察服装的效果

通过虚拟试穿，观察服装在模特身上的效果。注意细节，如服装的流线、褶皱、贴合度等。评估服装的整体外观和比例是否符合设计的初衷，并注意任何需要调整的部分。

（五）进行调整和修改

根据观察结果，对服装进行调整和修改。可能需要调整衣物的长度、宽度、形状等，以适应模特的身材和设计要求。通过迭代的过程，逐步优化服装的效果，使其达到最佳的穿着和外观效果。

（六）考虑细节和功能性

在虚拟试穿过程中，还要注意服装的细节和功能性。确保衣物的口袋、拉链、纽扣等功能元素的位置和操作便利性，同时也要关注细节的质感和精细度。

（七）与真实模特进行验证

虚拟试穿是一个初步评估和调整的过程，为了更准确地评估服装的效果和舒适性，建议与真实模特进行实际的试穿和反馈。通过与模特的合作和交流，可以进一步完善和优化服装的设计。

五、考虑打印和生产要求

在进行数字化服装设计时，要考虑最终的打印和生产要求。合理使用颜色模式、分辨率和文件格式，以便在打印或生产过程中达到高质量的效果。

（一）颜色模式选择

根据最终打印和生产的要求，选择合适的颜色模式。常见的颜色模式包括 RGB 和 CMYK。RGB 适用于屏幕显示，而 CMYK 适用于印刷。确保将颜色模式设置为适合具体用途的模式，以避免在转换过程中发生颜色失真。

（二）分辨率设定

根据打印和生产的要求，设定适当的分辨率。对于印刷品，一般要求较高的分辨率，以确保图像细节的清晰度。常见的印刷分辨率为 300dpi（点／英寸）。对于屏幕显示，较低的分辨率（例如 72dpi）通常足够。

（三）文件格式选择

选择适当的文件格式以满足打印和生产的要求。常见的文件格式包括 JPEG、PNG 和 PDF。JPEG 适用于图像和照片，PNG 适用于带有透明背景的图像，PDF 适用于保留矢量和高分辨率图像的文档。确保选择的文件格式能够保持设计的质量和可编辑性。

（四）使用合适的图层和分组

在设计过程中，合理使用图层和分组功能可以使文件更加清晰和易于编辑。将不同元素放置在独立的图层中，以在后续编辑和调整时更加方便。使用分组功能将相关元素组织起来，以便于整体控制和修改。

（五）校准颜色和打样测试

在进行大规模生产之前，进行颜色校准和打样测试非常重要。校准显示器和打印机，以确保准确的颜色再现。进行打样测试，将设计的数字化文件打印出来，检查颜色、细节和比例等方面的准确性。

（六）考虑板型和排版要求

根据最终的生产方式和板型要求，调整设计文件的尺寸和布局。对于服装设计，需要考虑到板型的比例、裁剪和缝制等因素。确保设计文件能够准确地反映最终的产品尺寸和形状。

（七）与供应商的沟通和合作

与生产供应商保持良好的沟通和合作非常重要。与供应商共享设计文件，并与他们讨论最终打印和生产的要求。他们可以提供关于颜色、尺寸、材料和工艺等方面的专业建议，以确保设计的数字化文件能够顺利转化为实际产品。

（八）导出和保存设计文件

在完成设计后，将文件导出为适当的格式并进行保存。根据需求选择适当的导出选项，如保存为高分辨率的 JPEG、透明背景的 PNG 或矢量图形的 PDF。同时，保留原始设计文件的备份，以便在需要时进行修改和调整。

（九）定期更新技术和软件

随着技术的发展和软件的更新，了解最新的打印和生产技术非常重要。定期学习和掌握相关的技术和软件功能，以保持与行业的步伐并应用最佳实践。

（十）参考行业标准和指南

行业中存在许多关于数字化服装设计和打印生产的标准和指南。参考这些标准和指南，了解行业的最佳实践和要求，以确保设计的数字化文件符合标准并能够顺利转化为实际产品。

总而言之，考虑到最终的打印和生产要求是数字化服装设计的关键步骤。通过合理使用颜色模式、分辨率和文件格式，与供应商的合作和沟通，以及持续更新技术和了解行业标准，设计师可以确保他们的设计能够以高质量的方式转化为实际的服装配饰产品。这不仅可以提高产品的可行性和生产效率，还可以提供更好的用户体验和满足客户的期望。

通过以上实践方法和经验总结，设计师可以更好地运用 CorelDRAW、Illustrator 等软件进行数字化服装设计。

 思考题

1.数字化服装设计的应用案例分析能够帮助我们了解数字化技术在实际设计中的应

用和效果。选择一款数字化服装设计的应用案例，并分析其中的数字化技术的运用和优势。

2. 服装配饰在服装设计中扮演着重要的角色。选择一款服装配饰的绘制及编辑案例，并分析其中的数字化绘制和编辑技术的应用，以及对设计的贡献。

3. 数字化服装设计的实践方法和经验总结对于设计师的成长和发展至关重要。结合你的学习和实践经验，总结一些数字化服装设计的实践方法和经验，并阐述它们的重要性和应用效果。

4. 在数字化服装设计的实践中，你遇到过哪些挑战和困难？请分享一个具体案例，并描述你是如何克服这些挑战的。

5. 数字化技术的发展为服装设计行业带来了许多新机遇和挑战。根据你对行业趋势的了解，分析数字化服装设计的未来发展方向，并提出个人见解和展望。

参考文献

[1] 张超.管窥戏曲艺术舞台设计装饰美和写意美 [J].戏剧之家，2019(31):31.

[2] 宋德凤，赵倩倩.京剧服饰图案的艺术特征 [J].西部皮革，2020，42(1):97.

[3] 苏静.中国传统戏曲服饰的审美范畴 [J].四川戏剧，2021(9):28–32.

[4] 张磊.服装设计数字化现状与发展思路研究 [J].艺术品鉴，2021(14):61–62.

[5] 沈雷，许天宇.数字化背景下品牌服装设计转型 [J].服装学报，2021，6(2):169–174.

[6] 王文彬，刘驰.服装行业数字化技术应用及发展研究 [J].天津纺织科技，2019(6):17–20.

[7] 周伟，赵海英.传统民族服饰数字化采集元数据构建 [J].图学学报，2018，39(6):1183–1191.

[8] 高云.福建畲族传统服饰文化与制作工艺活态保护研究 [J].艺术与设计（理论），2020，2(4):75–77.

[9] 黄嘉曦.湘黔苗族传统服饰中刺绣图纹的数字化保护及创新研究 [J].长江丛刊，2019(2):31，33.

[10] 夏路，任怡.试析汉剧服装在汉绣艺术发展中的影响 [J].明日风尚，2019(17):166–167.

[11] 欧冰颖.汉绣戏衣图案在现代女装设计中的应用 [D].武汉：武汉纺织大学，2018.

[12] 何文章.汉剧服装元素分析及其在女装设计中的创新应用 [D].武汉：武汉纺织大学，2019.

[13] 郭康丽.传统汉剧典型的服装结构研究 [D].武汉：武汉纺织大学，2017.

[14] 张伟萌，马芳.基于 CLO3D 平台的汉服十字形结构探析 [J].丝绸，2021，58(2):131–136.

[15] 姚彤，黄楚懿.基于 CLO3D 平台的汉服数字化复原与创新设计研究 [J].山东纺织科技，2021，62(4):38–42.

[16] 刘翔，王锐明，徐秋妍.唐昭陵壁画女装的 3D 虚拟试衣结构复原 [J].丝绸，2022，59(2):87–93.

[17] 魏宛彤，高于钦，莫茹慧，等.基于 CLO3D 的压力分布来实现女性跑步针织上衣的

样板优化 [J]. 服饰导刊，2021，10(5):95-99.

[18] 陈紫菱，张俊，江学为 . 基于 CLO3D 的女性衬衣压力舒适性与美观性评价 [J]. 服饰导刊，2021，10(4):94-98.

[19] 彭鑫 . 面料二次增型设计在服装设计中的应用 [J]. 纺织报告，2022(8):44-46.

[20] 王欣 . 面料再造在舞台服装设计中的表现形式探究 [J]. 山西青年职业学院学报，2021(3):95-97.

[21] 任翼洋 . 服装设计中面料的选择与再造研究 [J]. 科技风，2019(3):206.

[22] 赵浩杰 . 浅析面料与服装设计的关系 [J]. 山东纺织经济，2012(6):94,107.

[23] 韦超 . 浅谈服装设计中的面料改造 [J]. 数码世界，2017(10):113.

[24] 张淞 . 服装设计中面料再造艺术的运用策略探究 [J]. 佳木斯职业学院学报，2022(11):70-72.

[25] 刘思彤 . 舞台服装设计中面料再造的重要性研究 [J]. 纺织报告，2022(10):90-92.

[26] 马丽娜，马颖 . 设计理论在服装中的应用——评《服装设计基础（美术卷）》[J]. 印染，2017(8):62.

[27] 陈佳瑜 . 非遗与服装设计的融合——评《服装设计基础》[J]. 上海纺织科技，2022(3):65-66.

[28] 杨冠南 . 服装设计与面料的运用——评《高级服装设计与面料》[J]. 上海纺织科技，2021(1):65.

[29] 寇洪波 . 中国画元素在服装设计中的应用——评《基础服装设计》[J]. 印染助剂，2019(5):67-68.

[30] 任东方 . 服装设计中国画元素的应用——评《服装设计元素》[J]. 印染助剂，2019(8):67-68.

[31] 王越琪 . 水墨画元素在现代国潮服装设计中的应用 [J]. 纺织报告，2023(1):85-87.

[32] 马超卿，初晓玲，张庆辉 . 时尚插画在服装设计中的应用分析 [J]. 服装设计师，2023(4):103-109.

[33] 马晓丹，范辛招，王欣欣 . 插画在服装设计中的应用 [J]. 辽宁丝绸，2023(2):56.

[34] 徐为零 . 书法艺术与服装设计的融合创新——评《服装设计思维与创意》[J]. 上海纺织科技，2023(3):67-68.

[35] 文海，余远权 . 水彩插画艺术在服装设计中的应用 [J]. 印染，2021(12):78-79.

[36] 侯佳富 . 服装设计中中国画元素的应用研究 [J]. 西部皮革，2022(20):31-33.

[37] 王欣 . 中国画元素在定制服装设计中的应用分析 [J]. 辽宁经济管理干部学院学报，2021(4):41-43.

[38] 李填 . 中国画元素在服装设计中的应用 [J]. 棉纺织技术，2021(9):88–89.

[39] 吴及 . 浅析 CorelDRAW 在专题地图编制中的应用 [J]. 居舍，2019(22):195，197.

[40] 钱玉娥 . 浅谈平面设计在出版物中的运用与意义 [J]. 内蒙古教育，2020(18):101–102.

[41] 秦洁 .Adobe Illustrator 在图案绘制中的技法研究 [J]. 大众文艺，2019(17):12–15.

[42] 孙旺军 .CorelDraw 的 "交互式调和工具" 在地图绘制中的应用举例 [J]. 地理教学，2018(2):48–50.

[43] 符海团 . 问题探究式教学模式在 CorelDRAW 的应用与实例讲解 [J]. 魅力中国，2020(42):16–18.

[44] 孟妍 . 高职 CorelDRAW 课程思政教育的探索实践 [J]. 陕西青年职业学院学报，2021(4):37–39，44.

[45] 杨玉洁 . 矢量图形软件 CorelDraw 在平面设计专业教学中的应用研究 [J]. 电子元器件与信息技术，2021(2):251–252.

[46] 巩晓阳 . 计算机 CorelDRAW 项目教学法实施分析 [J]. 电脑知识与技术，2021(18):221–212.

[47] 谢淑林 . 中职 CorelDRAW 三段式案例教学法的探究与应用 [J]. 电脑知识与技术，2020(20):160–161.

[48] 任小敏 .CorelDRAW 的应用技巧浅析 [J]. 电脑编程技巧与维护，2020(11):136–137，146.

[49] 李丽霞 .CorelDRAW 课程教学的实践研究 [J]. 中国管理信息化，2019(12):215–216.

[50] 石峰 . "互联网 + 教育" 背景下智慧课堂教学模式设计与应用研究 [J]. 佳木斯职业学院学报，2018(8):260，262.

[51] 唐亚丽 . 珠宝虚拟试戴技术的应用前景及其影响 [J]. 科技创新导报，2018(15):134–135.